$v=S/t$

$G=mg$

课本上读不到的
趣味物理学

INTERESTING PHYSICS
THAT CAN'T BE READ IN TEXTBOOKS

大师
典藏版

（俄）别莱利曼 著

兰华 编译

华南理工大学出版社
SOUTH CHINA UNIVERSITY OF TECHNOLOGY PRESS

·广州·

图书在版编目（CIP）数据

课本上读不到的趣味物理学 /（俄）别莱利曼著；兰华编译. —
广州：华南理工大学出版社，2018.12
（小科学家系列）
ISBN 978 - 7 - 5623-5574-8

Ⅰ.①课…　Ⅱ.①别…　②兰…　Ⅲ.①物理学–青少年读物
Ⅳ.①O4–49

中国版本图书馆 CIP 数据核字（2018）第093621号

课本上读不到的趣味物理学
（俄）别莱利曼　著
兰华　编译

出 版 人：卢家明
出版发行：华南理工大学出版社
　　　　　（广州五山华南理工大学17号楼，邮编510640）
　　　　　http://www.scutpress.com.cn　　E-mail: scutc13@scut.edu.cn
　　　　　营销部电话：020-87113487　　87111048（传真）
策划编辑：李良婷
责任编辑：王昱靖　李良婷
印 刷 者：广州市新怡印务有限公司
开　　本：787 mm×960 mm　1/16　印张：12.25　字数：205 千
版　　次：2018 年 12 月第 1 版　2018 年 12 月第 1 次印刷
定　　价：32.00 元

前　言

在神秘的月球上，有一座被命名为"别莱利曼"的环形山，永恒地记录着科普大师雅科夫·伊西达洛维奇·别莱利曼的伟大功勋——尽管他生前没有任何科学发现，也没有获得任何荣誉称号，但后人却愿意用最美丽最真诚的词汇去赞美他，称赞他是"数学的歌手、物理学的乐师、天文学的诗人、宇航学的司仪"。

1882年，别莱利曼出生在俄国格罗德省别洛斯托克市。他是个不幸的孩子，儿时就失去了父亲；他又是个幸运的孩子，母亲对他百般呵护、疼爱。母亲是位小学教师，给了儿子良好的成长环境和教育背景，也成为别莱利曼走上科普之路的引路者。

天赋使然，再加上母亲的影响、个人的努力，别莱利曼很快在自然科学方面崭露头角。当人们普遍认为"火雨"（流星雨）是世界即将毁灭的糟糕预兆时，17岁的别莱利曼却公开在报刊上发表文章，指出这只是一种定期出现的天文现象。年轻人初露锋芒，就开始用科学视角挑战世俗权威。

从圣彼得堡林学院毕业后，年轻的别莱利曼开始创作科普读物，同时参与了很多与科普相关的社会活动。包括参与创办苏联第一份科普杂志《在大自然的实验室里》，组织出版诸多趣味科普图书，还积极组织开展大量青少年科普活动。

1942年3月16日，别莱利曼于列宁格勒与世长辞。在逝世前夕，他还坚持为参加卫国战争的军人举办科普讲座，这既是他为保家卫国所做的努力，也是对人类科普事业的最后奉献。

1000多篇文章、105本书——用著作等身形容别莱利曼毫不夸张。在这些作品中，尤以科普读物流传最广、影响最大。其中，1913年出版的《趣味物理学》，奠定了此后一系列科普读物实用、有趣、生动的风格，随后《趣味物理学（续编）》《趣味力学》《趣味代数学》《趣味几何学》等作品的出版，别莱利曼"趣味科学奠基人"的地位更加难以撼动。这一系列别莱利曼的科普代表作，被翻译成多国语言，深受世界各地读者的欢迎，被公认为最适合青少年阅读的科普书。

如果你正在寻找一套"乐在其中"的科普图书，希望它逻辑缜密又妙趣横生，那么这套读物一定适合你。

太阳分裂成草履虫大小，一共需要几次？

神秘的电影魔术里藏着哪些数学规律？

为什么冰块在开水中不会融化？

昆虫从高高的树上掉下来，为什么不会受伤？

……

别莱利曼就是有这样神奇的魔力，让课堂上枯燥无味的代数、几何、物理等学科，突然一下子改变了面貌。科学之趣，被别莱利曼以轻松活泼的方式展现出来。假如学校里的每一堂科学课都如此盎然有趣、生动新鲜，曾经"面目可憎"的课本，一定也会显得和蔼可亲，不仅让那些被数学、物理等学科困扰的孩子打消抗拒心，也会让亲爱的读者亲近科学、爱上科学。这套书，将教会你如何重新认识科学，如何重新观察世界。

目录

第三章

介质的阻力

第六章

有趣的热现象

第七章

神奇的光影

第八章

光的反射与折射

第九章

视觉的秘密

第十章

声音与听觉

第一章
速度和运动

1 人类能跑多快

说起行动最慢的动物，一般情况下，人们想到的往往有两种：要么是乌龟，要么是蜗牛——之所以会想到它们，是因为在人们的日常认知中，它们的"慢性子"可是出了名的。若以这两种动物为参照，人的行动速度，能快到什么程度呢？

在不同状态下，不同人的移动速度并不相同。优秀的田径运动员，跑完1500米大约需要3分35秒[①]，每秒大约移动7米。普通人步行的速度要慢得多，一般每秒只有1.5米。值得注意的是，运动员只能在较短时间内跑那么快，而步行可持续的时间、距离都更长。与上述两种极端情况相比，步兵行军的速度和持续时间均在两者之间，比普通人行走要快一点，也能持续较长时间。一般状态下，步兵在急行军时每小时能前进7 000多米，即每秒约2米。人的步行速度，是蜗牛的1 000倍。普通人每秒步行1.5米，而蜗牛每秒钟只能移动1.5毫米，一小时也不过移动5.4米。"慢"的另一个典型乌龟，每小时大概能行进70米。与这两种动物相比，人类的确算是走得快的了，但是，如果让人与世界上的事物进行一场速度的比赛，人类却远不能拔得头筹。要跑赢大多数平原上的河流，对人类来说不是难事，奋力争先的话，也有希望接近春风的速度，可是如果想跑赢苍蝇、野兔，就比较困难了，就连想要追赶人类最喜欢的动物——狗，恐怕也要借助各种工具。又比如，苍蝇的飞行速度是每秒钟5米，想要达到这个速度，人起码得借助滑雪板才行。而要想追赶上雄鹰和野兔，即便是骑上快马，也不一定有胜算，只有乘坐飞机，才能够超过雄鹰。

各种人造交通工具，不断地刷新着速度纪录，而人们的目标也在不断变化。如苏联制造的水下客轮，使人们在水中的移动速度达到了60～70千米每小

[①] 最新世界纪录为3分26秒00，1998年。

时。在陆地上，客运列车的速度能达到 100 千米每小时，轿车则可达 200 千米每小时。在空中，交通工具所能达到的移动速度更为惊人，普通民航飞机每小时平均飞行大约 800 千米。

下面是一张不同物体的移动速度对照表，对速度感兴趣的读者不妨看看，毕竟，把不同动物或者交通工具的移动速度放在一起比较，是一件有趣的事情。

	米每秒	千米每小时
蜗牛……………………	0.0015	0.0054
乌龟…………………	0.02	0.07
鱼……………………	1	3.6
步行的人……………	1.5	5.4
骑兵慢步……………	1.7	6
骑兵快步……………	3.5	12.6
普通自行车…………	4.4	16
苍蝇…………………	5	18
滑雪的人……………	5	18
骑兵快跑……………	8.5	30
水翼船………………	16	58
狮子…………………	16	58
野兔…………………	18	65
老虎…………………	22	80
鹰……………………	24	86
猎狗…………………	25	90
火车…………………	28	100
小型轿车……………	56	200
竞赛汽车（纪录）……	174	633
民用客机……………	250	800

空气中的声速[1]·········	330	1200
轻型喷气式飞机·········	550	2000
地球公转··············	30000	108000

 2 如何追逐日月、时光

　　在每天的同一时刻，看到月亮从同一位置出现，这种奇特的现象，你见过吗？美国作家马克·吐温[2]大概是见过的。在他的《傻瓜出国记》中，有这样一个情节——故事中的主人公从纽约到亚速尔群岛，在航程中，主人公发现，每天晚上月亮都是同一时刻在天空中的同一位置缓缓升起，仿佛时间停止了流动。在科学尚不发达的年代，这太神秘了。如今的人们，终于能够解释其中的原因——当人们向东行进时的速度达到每小时跨越20分经度时，即运行速度同月球运行的速度相同时，就能看到马克·吐温描写的那一幕了。

　　这就意味着，通过人类的力量，追赶月亮也不是什么难事了。月球绕着地球运动时，速度是地球自转速度的1/29（这里的速度指的是角速度），由此可以计算，对于地球上的人而言，月亮的移动速度大概是25～30千米每小时。在中纬度地区，当一艘货轮以这样的速度沿着纬线行驶，就可以追上月亮。

　　人类能"追上"月亮，那么，人类能够"追上"时间吗？一个人上午八点从符拉迪沃斯托克（当地时间）起飞，想在同一天的上午八点（莫斯科时间）抵达莫斯科，能不能做到呢？当然可以。符拉迪沃斯托克和莫斯科的时区相差9个小时，所以，只要飞机的飞行时间不超过9个小时，这个想法就能实现。

---

①编者注：声音在空气中的传播速度与温度有关，0℃时约为331.4m/s，15℃时约为340m/s。

②马克·吐温：美国著名小说家，以幽默、机智闻名，并因为交友广泛被誉为美国文学史上的林肯。著有《百万英镑》《汤姆索亚历险记》等。

进一步分析，符拉迪沃斯托克和莫斯科之间的飞行距离为 9 000 千米，也就是说，想要实现上述的假设，飞机时速达到 1 000 千米就行。

人不仅能"追上"时间，甚至可以"追上"太阳，更准确地说，是"追上"地球。假设地球表面上有一个点，当地球自转时，只要这个点的运动与地球自转经过的角度相同（即角速度相等），太阳就是相对静止不变的。在北极高纬度地区，如位于北纬 77°的新地岛，当一架飞机按照正确的方向行驶，并且将速度保持在大约 450 千米每小时，对于这架飞机上的乘客而言，太阳就可能是静止在空中的。此时，人们就会觉得自己"追上"了太阳。

 3 "眨眼"其实是个缓慢的过程

对于人类来说，一秒钟是很短暂的，至于千分之一秒，更是转瞬即逝。

在没有钟表这种精确计时工具的古代，我们的祖先几乎没有时间观念，仅仅根据太阳的高度或者太阳照在物体上的影子的长短来判断时间（图1-1：古人所用的计时方法）。随着人类社会的发展，他们逐渐用日晷、沙漏等工具计时，但这些工具上连分钟的刻度都没有。

图1-1 古人所用的计时方法

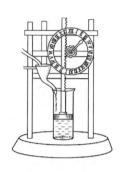

图1-2　漏刻

图1-3　旧式怀表

钟表上出现分钟这一时间刻度，是18世纪初的事情，之后又过了大概一个世纪，秒针才出现在钟表上。

与人类相比，动物对时间的感知更为敏锐。于它们而言，一秒钟可以做很多人类难以想象的事情——一秒钟内，蚊子的翅膀可以上下扇动500～600次，这就意味着，在千分之一秒的时间里，它们便可以将翅膀抬起或放下一次。

人类常用"眨眼间"来形容时间的短暂，殊不知，如果以千分之一秒作为计时单位，眨眼甚至可以用缓慢来形容。多次精确测量得到的结果显示，眨眼的动作其实可以被分解为三个步骤：垂下上眼皮、眼睑静止不动、抬起上眼皮。这三个动作所用的时间分别是75～90个千分之一秒、130～170个千分之一秒和170个千分之一秒。也就是说，完成眨眼的动作，人们平均需要大概400个千分之一秒，即0.4秒。

其实，千分之一秒内能够完成很多事情，比如火车可以行驶3厘米，声音能传播34厘米，而光能跑300千米。人类的感觉器官与昆虫不可同日而语，无法感应到千分之一秒这样微小时间单位内发生的事情，但又对此充满了好奇。英国作家威尔斯①运用他惊人的想象力，在小说《最新加速剂》中描绘出了一个能满足人们好奇心的神奇世界。

①威尔斯：英国著名作家，以科幻小说被世人所知，其创作的《时间机器》《隐身人》《星际战争》等均是此类小说中的代表作。此外，他还创作了大量关注现实、思考未来的作品。

　　小说中，主人公服用了一种被称之为加速剂的神奇药水，感觉器官突然变得特别灵敏——窗帘被风吹起后不像平时看到的那样随风飘动，而是像凝固在空中的黄油；玻璃杯被推倒后，并没有立刻发出碎裂声，却像被定格一样缓缓地倒下。

　　人类虽然无法感知类似千分之一秒这样微小单位内发生的事情，却一直在寻找测量更小计时单位的方法。早在 20 世纪初，人类就能测出比千分之一秒更小的单位——万分之一秒。如今，运用现代化的精密仪器，物理学家已经能够测量到 1/100 000 000 000 秒。这个时间单位小到什么程度呢？其与 1 秒的比值，大约相当于 1 秒与 3 000 年的比值！随着科技的发展，人类能测量到的最小计时单位记录必将不断被刷新。

4　时间可以被放大

　　在创作《最新加速剂》这本书时，威尔斯的想象力令无数读者折服。然而，恐怕连他自己都意想不到，他想象中的情景能够被呈现出来——很多人都在大银幕上看到过动作变得极其缓慢的画面，在某种程度上说，那正是威尔斯在小说中提到的服用加速剂后看到的情景。如果没有一种被称为"时间放大镜"的装置，这样的画面是不可能出现的。

　　所谓的"时间放大镜"，其实是一种高速摄像机。普通摄像机每秒只能拍摄 24 张照片[①]，而高速摄像机的拍摄速度却数倍于普通摄像机，每秒钟所拍摄的照片可达到 1 000 张甚至更多。当普通摄像机拍摄出的 24 张照片在一秒钟内被播出时，人们所见到的情形和实际生活中见到的相差无几。然而，以每秒 24 张的速度播放高速摄像机拍摄的照片时，人们看到的物体的运行速度却比正常速度慢很多。影视剧中的慢动作，就是用这种方式拍摄出的。

————————
①一张照片称作一帧，每秒 24～30 帧是人眼较为适应的速度。

为什么会这样？因为同样的动作，在高速摄像机下需要更多的镜头来呈现，以至于动作所用的时间看上去被拉长了。这就意味着，如果摄像机的拍摄速度足够快，人们完全可以在大屏幕上呈现威尔斯笔下的那个万物变慢的神奇世界。

 5 夜晚和白天，地球何时绕太阳转得更快

用区区 25 个生丁（法国曾经的货币单位，100 生丁为 1 法郎）就可以换一次美妙且轻松的旅行，这样的好事是真的吗？当巴黎的一家报纸刊登出这一广告后，人们虽然怀疑，但最终经受不住诱惑，按照广告说明的方式寄去了 25 个生丁。

当他们满怀热忱而来，现实却如同浇在他们头上的冷水。广告发布人在给所有人的回信中无一例外地写道："地球一刻不停地在旋转，生活在地球上的我们当然也是如此。所以，躺在床上吧，以您认为舒适的姿势，同时不要忘记保持好心情。巴黎位于北纬 49 度，这就意味着您每 24 小时至少移动了 26 000 千米。如果您打开窗帘，就能在这旅途中欣赏宜人的景色了。"

可以想象，收到这封回信的人该多么气愤！其中有些人将广告发布人告上了法庭，起诉罪名是欺诈。最终法官判定被告有罪。被告虽然缴纳了罚款，但之后却以让人哭笑不得的态度说了一句话："无论判决怎样，谁也无法否认地球的转动。"地球不仅绕地球自转，而且绕太阳公转，并由此产生了昼夜交替，这是无可辩驳的事实。从这个意义上说，地球上的人们的确在旅行。人们虽然气愤，却无法反驳那位先生。

那么，新的问题来了。地球围绕太阳旋转，其运行速度究竟是白天快，还是晚上快？不要以为这个问题没有意义。地球的自转和公转虽然是同时进行的，但两者的运行速度有时并不相同。弄清楚了地球在白天和晚上速度的差别，就等于知道了地球上的点在不同时刻运行的快慢。

解决这一问题的难点在于，白天和夜晚不同时间出现，如何将二者进行比较？下面的图或许能消除读者的困惑：

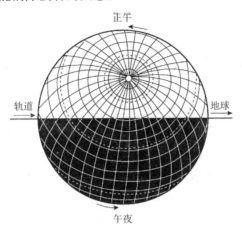

图 1-4　夜半球上的人运动得更快

上图左右两个箭头表示地球公转方向。

处于白昼的半球，地表质点（包括地球上的一切人或物）的实际运动速度为地球公转速度减去自转速度，而处于黑夜的半球，地表质点的运动速度则为两者之和。由此很容易得出结论：以太阳为参考，地球上的物体夜晚的运行速度远远快于白天。

这个速度差究竟是多少？以赤道地区为例。赤道表面的物体，随地球自转的速度约为 0.5 千米每秒，也就是说，赤道地区夜晚每秒的运行速度比正午时快 1 千米之多。有几何基础的人很容易能推算出，这个差值在位于北纬 60 度的圣彼得堡只有 500 米。

 6 车轮上部竟比下部转动更快

把一张带颜色的纸条或者其他显眼的物体标记在滚动的车轮上，你会发现

一个有趣的现象：当标记物随着车轮滚动到车轮下部时，其运动轨迹清晰可见；当标记物随着车轮的滚动到达车轮上部时，其速度却快到我们甚至看不清它的线条。

这种视觉上的强烈对比，很容易让人们觉得车轮的下部比上部运行得快。持这一观点的人还能找到其他现象佐证自己的判断：车轮滚动时，上部的辐条形成了模糊的阴影，而下部的辐条却根根可见。那么，真实的情况的确如此吗？

其实，只需要一个简单的实验，就能检验这种说法正确与否。

把一个车轮固定在空地上，将一根棍子垂直于地面插在空地上，且正对着车轴。以棍子为参照物，用粉笔或者木炭笔标出车轮的最高点 A 和最低点 B。向右滚动车轮并仔细观察两个记号的运动。在距离棍子 20～30 厘米的地方让车轮停下。很容易发现，车轮下端的点 B 移动得不如上端的点 A 多。

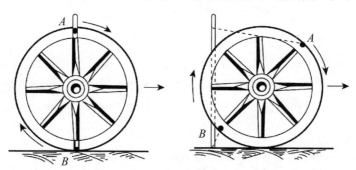

图 1-5　车轮的上部的确比下部运行快

车轮上的各部分居然并不是以相同的速度运行，上部的确比下部运行更快。这听上去不可思议，实验结果却表明：这是真的。为什么会这样？

其实，试验中车轮在绕车轴旋转的同时又随着车轴一起前行，这种运动方式类似于地球的自转和公转。车轮上的不同部位，其速度都是两种运动速度的合成。在车轮下部，两种运动的方向截然相反，所以下部的运行速度是前进速度与旋转速度的差；而在上部，运行速度则为两者之和。对于静止不动的观察者来说，自然是车轮上部移动得更快。

7 车轮上运行最慢的部分

车轮的上部比下部转动得快，这在上一节中就被证明了。同时，人们也不难做出这样的推论：车轮上的各点移动速度各不相同。那么，究竟哪个点移动最慢？

答案是显而易见的：车轮上与地面接触的点运动最慢，因为在接触的一刹那，它们是静止的，速度为零。在滚动的车轮上，再也找不到比它们运行速度更慢的点了。

然而，对于只在固定轴上转动而不向前移动的轮子，这一结论并不适用。在这样的轮子上，所有的点都是以相同的速度运行的，比如飞轮。

8 前行火车上竟有向后移动的点

一列火车从 A 地驶向 B 地，若以路基为参照物，有没有一些点在朝着相反的方向运动？从人们正常的视觉感受出发，有人会觉得这是个疯狂的想法。实际上，运行中的火车上，确实存在这样的点：火车轮突出的边缘下的最低点，就在 B 向 A 的方向上运行着。

这看似匪夷所思的说法，其实并不难得到证明。找一个类似于货币、纽扣等的圆形物体，然后用黏合剂将火柴沿着物体的直径固定在上面。确保火柴有一部分在圆形物体外沿，并在露出的火柴上从上到下依次标注出 F、E、D 三个点。将圆形物体抵在直尺上的点 C 上，推动其向前滚动，仔细观察就能发现，F、E、D 等点并没有随着圆形物体向前运动，反而向后移动了！距离圆形物体边缘最远的 D 点移动到了 D′点，向后移动的幅度最大。这就说明，距离物体边缘越远，点的后移现象就越明显。

圆形物体的运行过程和火车轮类似，在实验中，火柴露出圆形物外沿的点与火车轮缘突出部分下端的各点是对应的。参照实验结论，很容易就能确定：火车上确实存在不随着火车向前运动的点，如图1-6所示。

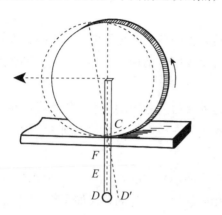
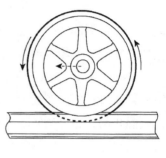

（a）D点向圆前进的反方向移动　　　　（b）火车上存在反向运动的点

图1-6

奇妙吧？但这却是事实。如果你还对此心存疑惑，不妨看看图1-7，以更好地理解。

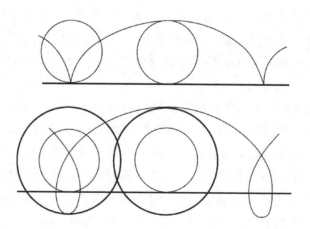

图1-7　车轮上不同位置的点运动轨迹对比

帆船到底从哪里来

生活中，有时会出现这样的情形：你站在岸边，一只帆船沿着箭头 b 的方向行驶而来，与此同时，一艘小艇沿着箭头 a 的方向行驶。箭头 a 的方向与箭头 b 的方向垂直。此时，如果问你，帆船是从哪个方向行驶来的？你肯定毫不犹豫地指出对岸的一个点，我们将这点设定为 M 点。但是，如果我问小艇上的人，他们肯定会指出一个比 M 处更远的点，我们将其定为 N 点，如图1-8所示。为什么会这样？

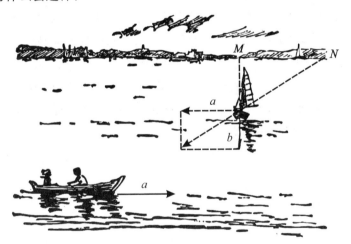

图1-8　帆船和小艇运动示意图

从岸边人的视角看，帆船和小艇的运动方向是垂直的，但是对于小艇上的人来说，感受并非如此。坐在小艇上的人感受不到自己的移动，只觉得视线所及处的一切都扑面而来，向与自己相反的方向运动。在他们眼中，帆船并不仅沿着箭头 b 运动，还沿着虚线 a 的方向运动。同时进行两种运动的物体，实际运动速度与方向是这两种运动的合成。所以，坐在小艇上的人，所见到的帆船的移动方向是虚线 a 和箭头 b 两种运动的合成。根据平行四边形法则，他们觉

得帆船在这两条线所组成的平行四边形的对角线上移动，其出发点在对角线延长线与岸边的交点上，即 N 点。

显然，坐在小艇上的人出现了视觉误差。这种误差在生活中很常见。比如，当我们判断星体的位置时，总是根据所见到的星光判断该星体在地球运行的方向上向前移动。地球运行的速度只有光速的万分之一左右，如此巨大的差距让人们误以为星体几乎是静止不动的，觉得星体的移动速度慢到可以忽略不计。实际上，这犯了和小艇上的人同样的错误。通过现代化的仪器观测，人们能清清楚楚地看到星体的移动。我们称这样的现象为光行差。

这种现象有趣吧？如果你的答案是肯定的，可以根据图中的既定条件，尝试找到下面两个问题的答案：

（1）如果你是帆船上的乘客，你觉得小艇正朝着什么方向行驶？

（2）如果你是帆船上的乘客，你觉得小艇的目的地会是哪里？

在寻找答案的过程中，你可以参照图中的方式，根据平行四边形法则，在方向 a 的箭头旁画出 b 方向的虚线，让两者组成平行四边形。这时，答案显而易见：在帆船上乘客的眼中，平行四边形的对角线即为小艇运动的方向，其目的地是这条对角线与岸边的交点。

第二章

重力、重量、压力和压强

 1 请你站起来

你坐在椅子上，我不用任何外力将你固定，却能让你站不起来。假如你认为我是在异想天开，就请按照我提出的要求尝试一下。

我对你的要求是两腿并拢，大腿和挺直的上身成直角，双腿不能移动，身体也不能前倾，如图2-1所示。接下来，尝试站起来。

图2-1　无法站立起来的坐姿

怎么样？站不起来吧？无论你使出多大的力气，只要保持着我要求的姿势，你就无法站起来。

我不是童话故事里的魔法师，自然无法对你施魔法；你站不起来，也并不是因为你的力量不够大。只要你知道了物体保持平衡的秘密，就容易清楚站不起来的缘由。

在一般情况下，无论是人还是物体，想要保持平衡，必须确保由重心引下的垂线不能超过该物体的底面，如图2-2所示。否则，在没有其他支撑力度的情况下，物体肯定会倒下。

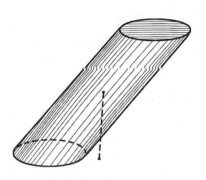

图2-2　圆柱体的重心引线超过了它的底部与地面的接触面

这一论断在现实中不断得到验证。你知道著名的比萨斜塔吧？它看上去已经倾斜，却没有倒下，除了地基牢固之外，更因为它重心的垂线并没有超过其底面。俄罗斯有一座看上去已经倾斜的钟楼，也是因为相同的原因仍然牢固地矗立着。物体是这样，人也是如此。人要想稳稳地站在地面上，必须让重心引出的垂线在双脚占据的范围内，如图2-3所示。

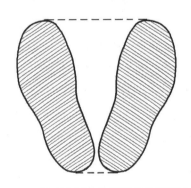

图2-3　从重心引出的垂线落到双脚之间

有时候，人想保持平衡是一件很困难的事情，比如走钢丝时，因为双脚占据的位置太小。不过，人天生有自我调节的能力，以便让自己在特殊情况下保持平衡。如在摇晃的船上生活的水手，行走时为了让重心引下的垂线始终保持在双脚之间，总是尽可能地叉开双脚。那些在船上度过生命中大部分时光的老水手，即使上岸后，也总是保持这样的走路姿势。

现在，回到咱们开头提出的问题。一个坐在椅子上的人，其重心位在他体内靠近脊柱的地方，重心引出的垂线在双脚的后方。如果你想站起来，只有两种方法：让身体前倾或者改变双脚的位置，让重心的垂线落到双脚之间。然而，按照我的要求，这两种动作都是被禁止的，你当然站不起来了。

2 行走和奔跑

和坐一样，走和跑也是我们非常熟悉的动作，熟悉到已经成为潜意识的动作，以至于很多人没有认真思考过：这两个动作各自是怎样发生的？相互之间有什么不同？此刻，我们不妨从生理学的角度，对这两个我们一生中要做无数次的动作进行解析。

形象说来，走路是一个人的双脚不断互相追赶的过程。我们假设人先用右脚站立，而后以慢镜头的方式逐步解析这一动作：他用右脚站立，由其身体重心引出的垂线在他右脚接触地面的范围内，当他抬起右脚跟、身体前倾时，重心的垂线随之变化并超出了右脚接触地面的范围，此时他有跌倒的危险；幸而悬空的左脚向前踏进并落到了右脚的前方。重心的垂线又移动到了双脚之间的区域，人因此又获得了平衡。人就这样向前迈出了一步。之后他继续之前的动作，身体前倾、抬起右脚、重心的垂线发生变化、左脚跟进以再次获得平衡……如此循环往复，就形成了人连续走路的动作。

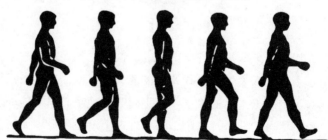

图2-4 人连续的行走动作

通过这样细致的解析不难看出：身体不停地向前倾倒、原来在后面的那只脚向前提供支持、重新获得平衡，这就是一个人行走的过程。在这个过程中，两脚的动作如图2-5所示（其中，A、B分别为两只脚的运动轨迹，直线和曲线分别表示脚与地面的接触和分离）。

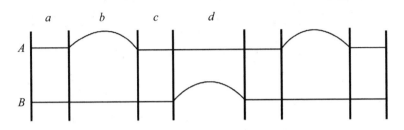

图2-5　人行走时两脚的动作分解图

其实，通过上面的分析还可以发现，行走发生的一个很重要的条件，就是之前的平衡被破坏。还是假设人用右脚站立。当左脚接触地面时，如果步幅足够大，肯定会引起右脚的脚跟抬起；在步幅不够大的情况下，则需要人的身体微微前倾，迫使右脚脚跟抬起。为什么一定要让右脚脚跟抬起？因为不完成这个动作，就无法破坏之前的平衡，更谈不上建立新的平衡了。

以上描述的都是人眼可见的动作，其实人行走时，还存在我们看不到的肌肉动作。人的脚落地时是脚跟先落地，之后才是整个脚掌着地。随后，当右脚离开地面、右腿变为弯曲状态时，左腿由于小腿三头肌的收缩而垂直于地面。

就这样，人每向前走一步，重心就要随之向前。这个过程是需要消耗能量的。同样的距离，登高时做的功大约是水平行走时的15倍。

奔跑和走路一样吗？答案是否定的。人走路的时候，至少有一只脚和地面相接触，然而跑步时，人靠着腿部肌肉的收缩，有一瞬间完全离开地面而悬浮在空中。之后一只脚着地、腾空，另一只脚着地、再次腾空、再着地……可以说，奔跑是双脚交替的跳跃动作组成的。如果人在腾空的瞬间不向前迈出另一条腿，就不能称之为奔跑，而只是原地跳跃。

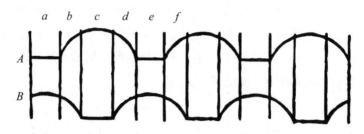

图2-6　奔跑时两脚的动作分解图

 3 怎样跳车更安全

　　怎样从一辆高速行驶的列车中跳下来而又不受伤？向前跳，还是向后跳？

　　当真的处于不得不跳车的极端环境中再考虑这个问题时，很有可能做出错误的决定，所以此刻我们不妨仔细分析。

　　通常情况下，人们会觉得顺着行驶的方向向前跳比较安全。然而，当他们考虑到人跳下火车时因为惯性而具有和火车行进速度相同的速度时，很可能又改变主意：人以一定的速度跳下火车，如果向前跳，其总速度为火车的速度和自身速度之和；如果向后跳，总速度为两个速度之差。速度越大，对人的冲击越大，从这个意义上说，很多人觉得向后跳更安全。

　　实际情况却并非如此。在这一情境中，需要考虑的绝不仅是惯性一个因素。人跳出列车时的速度远远小于火车的行进速度，当人向后跳跃双脚着地时，双脚是静止的，但上半身却由于速度差而向火车的前方保持着高速运动，此时人的感觉很别扭，而且无法做出有力的自我保护措施。当人向前跳跃时，速度的确更大，但人们却可以顺着火车的方向紧走几步，以此慢慢抵消高速度的冲击。

　　虽然向前跳的安全性高于向后跳，但也不是最好的选择。最有经验的"跳车者"，应该是那些经验丰富的电车售票员或者铁路查票员。他们总是面对着列车前行的方向向后跳，这样既能降低身体的速度，又能在向前跌倒时采取补救措施，安全系数更高。

如果在跳车之前需要先将随身的行李抛下车，朝着哪个方向抛更合理？答案是向后抛，因为向前抛时行李更容易散落。而且，你不必担心没有生命的物体会"受伤"。

 ## 4 用手抓住子弹

敏豪生男爵是德国小说《吹牛大王历险记》中的主人公。他说过的让人们觉得最夸张的事情之一，是徒手抓住了飞行中的子弹。

如果说文学作品中的情节是虚构的，报纸的报道却是可信的。据报道，第一次世界大战期间，飞行在两千米高空的一位法国飞行员觉得有东西在自己的脸旁飞。他以为是昆虫，就随意抓在了手里，没想到却是德国人射出的子弹。

众所周知，子弹的速度很快，能达到800～900米每秒。子弹在飞行过程中会遇到阻力，速度在阻力的作用下可以降低到40米每秒。当人达到这一速度时，子弹与人就处于相对静止状态，可以轻易被抓住。飞机自然很容易达到这一速度，所以坐在飞机里的飞行员抓住飞行中的子弹不足为奇。有人会问，子弹同空气摩擦会产生热量，不烫手吗？其实完全不必为这位飞行员担心，他们执行飞行任务时一般都戴着厚厚的手套。

5 水果炮弹

当物体以极快的速度被抛掷出去时，哪怕是西瓜、苹果或者鸡蛋，也能产生杀伤力。从这个意义上说，并不是只有刀枪才能作为武器。

1924 年的汽车赛中，曾经发生了水果伤人事件。沿途农民为了表达对车手的敬意，丢出了西瓜、甜瓜和苹果等。没想到，参赛汽车的速度再加上水果被抛掷的速度，被农民当作礼物丢出的东西变成了可怕的武器，车被砸坏、赛车手被砸伤，现场一片混乱，如图 2-7 所示。

图 2-7　被"水果武器"袭击的赛车

根据计算，假设当时赛车的速度为 120 千米每小时，一个西瓜的重量为 4 千克，那么被抛掷出的西瓜在瞬间拥有的动能相当于 10 克重的子弹所拥有的动能。幸亏西瓜的硬度远远不及子弹，否则后果更加难以预料。

相向运动的物体，速度越快，撞击时造成的后果越严重。在平流层中，飞机的速度可以达到 3 000 千米每小时，此时任何的冲撞都是毁灭性的，不论造成冲撞的物品是飞行员丢出来的，还是空气中意外出现的。

我们假设，两个高速运动的物体是沿着同一方向并以相同的速度运动的，相撞后会怎样？答案是：没有任何危险。在这种情形下，两个物体相对静止，相对速度为零。曾经有一名聪明的火车司机，应用这一原理避免了一场即将发生的事故。

事情发生在 1935 年，那名聪明的司机叫鲍尔晓夫。他驾驶列车前行时，在他的前方，有一位马虎的司机因为蒸汽动力不足而摘下了 36 节车厢，车厢停留的地方是个斜坡，而且铁轨上没有放阻滑木，于是车厢以大概每小时 15 千米的速度向鲍尔晓夫驾驶的列车迎面冲来。眼看惨剧即将发生，经验丰富的鲍尔晓夫开始倒车，并且将自己驾驶的列车的速度调整到与前方车厢相同的速度。如此一来，两者的相对速度为0，最后的冲撞没有对列车造成任何损害。

这 原理并不只是被用于关键的救命时刻，在生活中的应用比比皆是。在前行的火车上写过字的人一定深有体会，因为纸张随着火车一同振动，写出的字线条扭曲。根据相对静止原理，如果能让拿笔的手随着纸张一同振动，是否能改善这种情况？

果真有人根据这一原理设计出了一种装置。如图2-8所示，在木框上，木板a能在木槽b的范围内滑动。当需要写字时，就将带有纸张的木框放在桌子上，将人的手固定在木板a上。此时，纸张和人的手都和木框相接触，而木框又和桌子进而和火车相接触，纸张和手所受到的震动是相同的。人手中的笔与手的震动频率相同，所以和纸的振动频率也相同。也就是说，笔和纸同时处于相对静止状态，此时书写就变得相对容易起来。如果有一种能让眼睛与纸张保持同步的装置，就更完美了。

图2-8　火车上辅助书写的装置

6　如何用磅秤测出准确的体重

生活中，当我们用磅秤称量体重时，常常被要求不能乱动，哪怕挥一挥手也不被允许。这样的要求是有道理的。因为即使是细微的动作，也可能导致数

值的变化。

实际上，磅秤是通过监测人对磅秤支点的压力，再换算成人体重量的。人弯腰时，上半身的肌肉弯曲会牵动下半身向上移动，此时人对磅秤的压力减小，数值自然会变小；与此相反，人如果猛地站直了身体，肌肉的拉伸又会对下半身产生压力，对磅秤的压力也因此变大，磅秤上的数值就会增加。

甚至，对于特别"敏感"的磅秤，类似于举手这样的小动作也会对数值产生影响，其过程与弯腰的动作类似：举起手臂，肩头的肌肉把肩向下压，这种压力被传递给支点，磅秤的数值增大；手臂静止在空中，肌肉运动引起的压力消失，数值变小。

所以，如果你想用磅秤测量出准确的体重，一定谨记：双臂下垂，不要动。

7 物体为什么在地球表面最重

一个1 000克的砝码，在6 400千米的高空上被测量时，所用的称量工具显示它只有250克。这到底是怎么回事？

原来，物体的重量同地心引力密切相关。根据万有引力定律，地球和物体之间的引力与距离的平方成反比。在本节开头提到的状况下，砝码距离地心的位置是地球半径的两倍，引力为原来的四分之一。如果将砝码置于更高的12 800千米处，引力则为原来的九分之一，测量工具上的数值相应地变为111克。

可见，物体被抬得越高，所受到的吸引力越小，重量也就越小。这是否意味着，物体越靠近地心重量越大？答案是否定的。

地球对物体有吸引力，是因为地球内部存在能够对物体产生吸引力的物质微粒。当物体接近地心时，就处于这些微粒的包裹中，从而承受来自四面八方的引力。物体越靠近地心，其所受到的力就越均衡。我们假设一种极端情况，即物体位于地心，那么其所受到的引力会互相抵消，物质的重量此时为零。

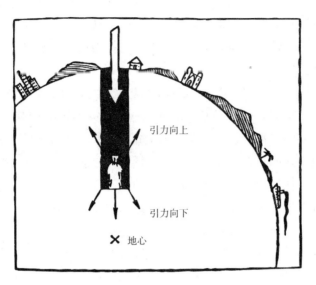

引力向上

引力向下

地心

图2-9 砝码靠近地心时的受力分析图

所以，物体在地球表面时的重量是最大的。

8 过山车的秘密

　　过山车是游乐场里最刺激的项目之一。每当过山车以让人心跳加快的速度冲到顶端时，那种被抛离感、被挤压感，无一不让追求刺激的人们大呼过瘾。但是，如果自己的身体或者心理状况承受不了这种"刺激感"，请务必不要轻易尝试。

　　面对过山车，相信很多人都产生过这样的疑问：过山车的运动幅度很大，得消耗多少动力？在椭圆形的轨道上，过山车有时是"悬挂"在轨道下方的，会不会掉下来？实际上，这些担心都是多余的。在设计过山车时，设计者已经充分考虑到了这些问题，并用了能量守恒、加速度等多种物理学中的原理寻求解决之道。可以说，过山车就是这些原理综合效果的完美呈现。

在最初的启动阶段，过山车需要靠机械的推动力，才能改变之前的静止状态，开始运动后，此时机械能转化为动能。根据能量守恒定律，动能和重力势能之间可以互相转化。随着过山车的爬升，一部分动能转化为重力势能。当过山车运动到最高点时，动能完全转变为重力势能。之后过山车开始下行，由重力势能转化而来的动能成了唯一的动力，此时过山车并不需要机械装置提供动力。

然而，最初的机械能并不是完全转化成了动能和重力势能。这是因为过山车的车轮和轨道之间存在摩擦，摩擦会消耗一部分能量。此时，如果没有足够的动能，就无法让过山车持续前行。聪明的设计者所采取的方式并不是继续用机械装置为其提供能量，而是依次降低轨道的坡度。如此一来，过山车爬升时所需的动能也依次减少，只靠着重力势能的转化就足够了。

过山车的另一个神奇之处在于，通过椭圆形的轨道时，有一个时刻人们头朝下却不会掉下来。这是因为在椭圆形的轨道顶点运行时，过山车的重力充当了向心力，确保过山车以及车上的乘客不会掉下来。乘客对这种向心力的直观感受就是被挤压感。

在行驶的最后阶段，过山车无法靠自身的能量转化停下来，此时要靠机械制动装置帮忙。

说了这么多，你对过山车是否有了完全不同于以往的了解？下次再乘坐过山车时，想必你会有新的体验。

9 物体下落时重量可为零

"失重状态"，这是我们常常听到的一个词。"失重"到底是怎样一种感觉？

回想你乘电梯时的经历，大概很快就能明白。我们走入静止的电梯，选择从高层去往低层。电梯忽然下降时，我们可能有种飘浮无着落的感觉。那瞬间的坠落感，就是失重的感觉。

这是因为我们的重量在电梯下降的过程中变轻了吗？实际情况并非如此。

电梯突然运行时，地板有一个向下的速度，人由于惯性而在瞬间保持静止，这导致人的重量无法落到地板上，所以觉得自己飘浮在空中。接下来，人做自由落体运动，速度快于电梯的匀速运动，于是双脚又稳稳地落在了地板上，失重的恐惧感随之消失。

这种现象在我们生活中普遍存在。我们来做个简单的实验。在一个弹簧秤上挂上一个砝码，让二者迅速向下移动。奇怪的事情发生了：弹簧秤显示的数值远远小于物体之前的重量值；接下来，松手，让弹簧秤和砝码自由下落——你猜得没错，这时弹簧秤的指针固定在了刻度零上。

原来，不仅是人，物体也会失重。所谓的重量，其实是物体对悬挂点的拉力，或者是对支撑点的压力。当弹簧秤和砝码一起下落时，弹簧秤的数值显示为零，这就意味着自由下落的物体是没有重量的。

从另一个角度说，物体的重量产生于我们试图阻止其自由下落时。相似的说法，17 世纪的力学奠基人伽利略早就提出过，按照他的说法，如果我们和肩上的重物一起下落，就不会有被压迫的沉重感了。

著名的罗森堡实验也能证明这一点。具体做法很简单：取来一个天平，天平的一端放钳子，而且用细绳把钳子的一条腿拴在天平的钩子上，天平的另一端放砝码，使两端保持平衡。接下来，烧断细线，让钳子的腿落到盘里。在细线断开的瞬间，放钳子的这一端托盘上升了。显然，与静止不动时相比，钳子腿下落瞬间，其对托盘产生的压力变小了。

图 2-10　罗森堡实验

 10 **我们能否乘炮弹去月球旅行**

向月球发射一个特大号炮弹式车厢，把人送到月亮上去，而且让车厢永远不再落回地球。

这是著名科幻作家儒勒·凡尔纳[1]在小说《从地球到月球》中提出的设想。不仅如此，他还惟妙惟肖地描述了所应采用的方法，仿佛那已经变成了现实。这究竟是幻想还是有可能实现的科学预测？我们先从理论上探讨其可行性。

以发射炮弹为例。在地球引力作用下，被水平射出的炮弹无法一直沿直线飞行，其飞行路线会向下弯曲。而且，炮弹飞行线路弯曲的弧度比地球表面的弯曲度大，所以炮弹最终会落回到地球上。如果我们能让两者的弯曲弧度相同，炮弹岂不是会一直在地球表面向前飞去，成为类似于月亮的人造卫星？

上述的设想在理论上并不难实现：只要让炮弹具备足够大的速度就可以。那么，炮弹需要达到怎样的速度，才能确保不会落下来？如图 2-11 所示，我们选择在高山之上的 A 点发射这枚炮弹。如果不考虑地球引力，它 1 秒钟后应该飞到 B 点。然而现实情况是，在引力的作用下，它飞到了 C 点。因为自由下落物体 1 秒钟内的下落距离是 5 米，所以 B 点和 C 点之间的距离为 5 米。从图中很容易发现，AB 的长度即为炮弹在 1 秒钟内飞行的距离。只要炮弹以这个速度飞行，就不会落下来。

AB 的距离如何判定？此刻，我们做一个大胆的假设：假设在这 1 秒内，炮弹绕着地心沿着圆形轨迹运动，则点 A 和点 C 到地心的距离均为地球的半径，大约是 6 370 000 米。我们已经知道 BC=5 米，根据勾股定理：

$$AB^2 = 6\ 370\ 005^2 - 6\ 370\ 000^2$$

---

①儒勒·凡尔纳：19 世纪法国的著名小说家，代表作有《格兰特船长的儿女》《海底两万里》《神秘岛》等，其作品被翻译成多国文字。

经过计算不难得出，线段 AB 大约长 8 千米。

也就是说，只要炮弹以 8 千米每秒的初速度被射出，它就会像卫星一样绕地球旋转飞行，当然，这是在不考虑空气阻力的情况下。

如果炮弹初速度达到 9 千米每秒、10 千米每秒甚至更多，会是怎么样呢？根据计算，此时炮弹的飞行轨迹为椭圆，而且椭圆长轴的长度随着初速度的增加而增长。不过，当初速度达到 11.2 千米每秒时，新的情况出现了：炮弹的飞行轨迹变成了开放性的抛物线或者双曲线，如图 2-12 所示，它不可能再飞回来了。

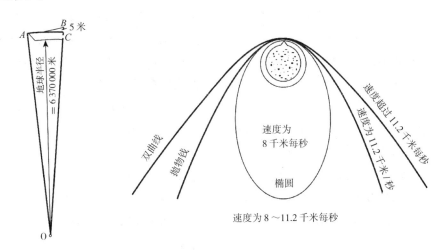

图 2-11　速度计算图　　图 2-12　炮弹以不同的速度飞行时可能出现的情况

按照如上理论，如果没有空气阻力，乘坐炮弹式车厢到月球上旅行是能够实现的。然而很遗憾，空气阻力很难消除。

 11　凡尔纳笔下的月球之旅有漏洞

炮弹车厢里的乘客把一只狗的尸体扔了出去，让他们震惊的是，尸体没有

下落，而是随着他们的炮弹车一起前行。

这是凡尔纳在《从地球到月球》一书中描述的场景，以科学的观点分析，这一幕完全可能发生。

凡尔纳描述的炮弹车厢在真空环境中前行，所有的物体，无论是炮弹车厢、人，还是那条狗都具有相同的速度和加速度。在没有外力改变这一点时，被抛出车厢外的狗的尸体当然会以相同的速度继续与炮弹车厢一起前行。

以如此让人印象深刻的方式做科普，凡尔纳不愧是一位伟大的作家。然而，他的作品中也有值得商榷，甚至存在漏洞的地方。

在凡尔纳的想象中，被抛出车厢的狗的尸体悬浮在空中继续前行，但处于车厢中的人和物却需要支撑，比如人一定是站立或者坐在车厢里的，而那条狗也需要地板的支撑。这种想法符合人们的思维定式，却与科学理论相违背。

在脱离了地球引力的太空中，所有的物体都以和炮弹相同的速度运行着。通过前面几节的分析我们知道，运动速度和方向相同的物体之间的相对位置是静止的，所以彼此之间不会产生压力。车厢内的物体失去了重量，会以它们出发时的状态悬浮在车厢中。

而凡尔纳是怎样描述的？在他的描述中，炮弹车厢飞行了半小时后，乘客们居然没有发现自己的失重状态，仍在怀疑自己是否随着炮弹飞行。

凡尔纳忽视的细节还有很多。比如在炮弹车厢里，所有的东西都处于失重状态：东西不需要依靠就可以停留在原来的地方；人不小心打翻了瓶子，但水绝不会流出来；炮弹车厢里的人甚至可以头朝下……如果他注意到这些细节并写进小说中，这部作品将更加完美。

12 称量准确的关键在于砝码

你能用不准确的天平称量出物质的准确重量吗？别以为这是强人所难。实际上，只要有准确的砝码就可以做到，而且方法不止一种。现在，我们介绍两种可操作性比较强的方法。

第一种方法是"恒载法"。因为它是由俄罗斯化学家门捷列夫提出的，所以又被称为"门捷列夫称量法"。首先，你需要在天平的两端分别放上重物和砝码，使两端保持平衡。注意，重物要比待称量的物体重。然后，把待称量的物体加入放砝码的托盘中。此时放砝码的一端会下沉。慢慢从托盘中取出砝码，直到天平重新恢复平衡。很明显，取出的砝码重量，就是要称量的物体的重量。如果你需要连续称量几个物体，这种方法特别值得推荐。

第二种方法是"博尔达法"，也是根据提出者的名字命名的，又被称为"替换法"。这一次，将天平的两端分别放上想要称量的物体和沙子，让天平达到平衡状态。然后，将要称量的物体取出，在托盘里逐渐加砝码，直到天平重新恢复平衡。答案你一定猜出来了，砝码的重量就是要称量物体的重量。

可见，想称量出物体的实际重量，准确的砝码远比准确的天平更重要。甚至，只要砝码准确，使用不准确的弹簧秤也能准确称量：将要称量的物体挂在弹簧秤的钩子上，记下弹簧秤上的刻度，之后用砝码取代要称量的物体，直到弹簧秤指针达到之前记录的刻度。这些砝码的重量即为待称量物体的重量。

13 我们的手臂比想象中更有力

我们的手臂到底有多大的力量？要回答这个问题，不能只看表面。人的手臂拉力和人体肌肉的力量是不同的。假如我们用一只手能提起的最大重量是10千克，那么这只手臂肌肉能够发出的力量实际上远远大于这个数值。

人体肌肉的力量和人体构造密切相关。以手臂为例，位于前臂骨支点处的二头肌是起关键作用的肌肉。如图 2-13 所示，人的手臂类似于杠杆，关节上的 O 点可以看作杠杆的支点。重物 R 作用于人手上的 B 点，二头肌 C 的作用点在 I 点。在这个杠杆结构中，从重物作用点到支点的距离是从二头肌作用点到支点距离的8倍。根据杠杆原理，如果我们拉起了10千克的物体，那么肌

肉能负担的重量是这个数值的8倍，即80千克。

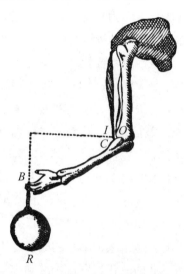

图2-13　人体手臂结构示意图

原来，我们的力量比自己想象中大很多。意识到这点后，有人觉得人体手臂的构造不合理。这样想的人，一定忘记了力学的"黄金法则"：力量上的损失会在距离上得到补偿。具体到人的手臂，力量的损耗换来的是移动速度的增加。如果我们空有一身力气，动作却慢吞吞的，未必能在大自然的残酷竞争中生存下来。有时候，灵敏比力量重要得多。

 14　为什么针能轻易刺进别的物体

花同样的力气，我们可以用针穿透厚厚的绒布和纸板，但如果把手中的工具换成钝钉子却很难达到这样的效果。别奇怪，这是因为针尖和钉子的压强不同。

按照物理学上的解释，压强是作用力和受力面积的比值，其与作用力成正比，与受力面积成反比。也就是说，当作用力相同时，作用面积越小，压强越大。在上面的例子中，针尖的受力面积显然小于钉子，所以产生的压强更大，更容易穿透绒布和纸板。基于同样的道理，一个 20 个齿的铁耙和一个 60 个齿的铁耙，肯定是前者每个铁耙耙齿上分配到的力道更大，所以用 20 个齿的铁耙耙地更深。

　　合理利用压强，能为生活增加不少便利。比如切菜时，刀刃薄的刀用起来更省力，这是因为人们通过减少受力面积而增加了刀刃的压强。在另外的情境中，人们又通过增大受力面积而减少压强，比如滑雪时使用滑雪板。

　　在沼泽和冰面上前行时，人们也总是想办法增加自己的接触面积，以此减小压强，比如人们在冰面上匍匐前进。在这方面，人类最著名的发明，恐怕非坦克莫属：坦克的宽履带最大限度地减少了单位面积上的压强，是坦克顺利前行的最有力保障。根据计算，一辆 8 吨重的坦克，对地面的压强，最多是 600 帕斯卡。

第三章

介质的阻力

没有空气，子弹的威力将更大

众所周知，空气阻力会影响子弹的速度、方向和射程，然而其影响力究竟有多大却鲜为人知。毕竟，空气看不见摸不着，而子弹即使受到阻力后，速度仍然很快。两相比较，很多人会觉得空气的影响力不是很大。

实际情况并非如此。如图3-1所示。

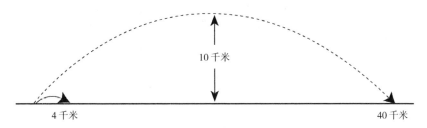

10千米

4千米　　　　　　　　　　　　　　　　　　40千米

图3-1　子弹在有空气和没有空气阻力时的飞行轨迹对比图

在没有空气阻力的环境中，如果子弹以向上45度角、620米每秒的初速度从枪口射出，其飞行轨迹会形成如图3-1中的大弧线，其最高点为10千米，落地点和发射点之间的距离为40千米。

而在空气中，以同样角度和初速度射出的子弹，其飞行轨迹只会形成图中的小弧线，飞行距离仅为4千米。

也就是说，如果没有空气阻力，子弹的射程将是现有射程的10倍，足以令更远处的敌人胆寒。

 最早的远程射击

1918年夏天，第一次世界大战即将结束，生活在巴黎的人们却开始了噩

梦般的日子：300多颗炮弹被发射到了这个城市中。战争前线却远在110千米以外，按照常理，德军的炮弹不可能飞这么远。

德国炮兵之所以能做到这点，要归功于不经意间的一个发现。一次射击时，炮兵想将炮弹发射到20千米以外，没想到抬高射击角度后，炮弹却出人意料地飞到了40千米以外。这一偶然事件引起了德军的高度关注。他们经研究发现，增加炮弹的发射仰角，让炮弹进入空气稀薄的平流层中，此时炮弹所受的空气阻力减小，所以能飞得更远。如图3-2所示，当发射角度为1时，炮弹的落点在p处；发射角度增加到2时，炮弹的落点在p'处，其中p点比p'点更远。然而，当角度增大到足以使炮弹飞到平流层中的3时，炮弹则会落到非常远的地方R处。

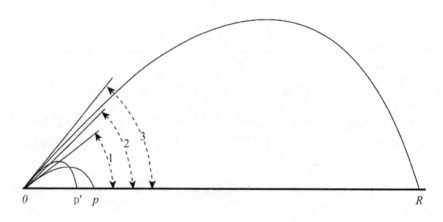

图3-2 发射角度影响飞行轨迹和落点

对于当时被联军的空袭搞得焦头烂额的德军来说，这一发现实在是个天大的喜讯。他们根据这一发现研制出了能远距离轰击巴黎的大炮。在那个因为战火而显得越发炎热的夏天，这种大炮让巴黎一度陷入恐慌。

图 3-3　德军研制的超远射程大炮

　　当时那个重 750 吨的大炮是名副其实的庞然大物。大炮长 34 米，直径 1 米，炮筒最厚处为 40 厘米；与大炮相适应，长 1 米、直径为 21 厘米的炮弹重达 120 千克。炮膛内填充 150 千克火药，产生的压力相当于 5 000 个大气压。炮弹以 2 000 米每秒的初速度向 52 度角的斜上方被发射出去后，飞行轨迹是一个最高点为 40 千米的巨大弧线。经过计算，在飞往巴黎所用的 3 分 30 秒内，炮弹在平流层中的飞行时间长达 2 分钟。

　　没有这门大炮，就没有现代的超远程炮。在研制远程炮的过程中，科学家们认真研究了炮弹的初速度和空气阻力的关系：炮弹的初速度越大，阻力越大。然而阻力并不是与初速度成正比，而是与初速度的高次方具有某种比例关系。至于到底是几次方，要视初速度而定。

3 风筝飞行的秘密

前面的章节表明，空气阻力会削弱子弹和炮弹的冲力。然而，空气阻力并不总是"捣乱者"，有时候，它会给我们的生活带来很多乐趣，比如放风筝。

放风筝曾给很多人带来了永久的快乐回忆。可是，你知道风筝是如何飞上天的吗？没错，答案就是利用空气阻力。下面，我们借助图3-4来加以说明。

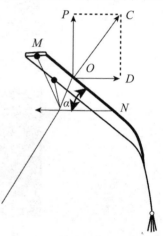

图中 MN 为纸质风筝的截面。纸质风筝本身有重量，而且尾部较重，所以人拉着风筝线奔跑时，风筝会倾斜着向前上方移动。假设风筝向左边倾斜，此时 α 为风筝的倾斜角度，即水平线和风筝所在平面的夹角。OC 代表空气阻力，它始终垂直于风筝的截面 MN。根据平行四边形法则，OC 可以分解为 OD 和 OP 两个力，其中 OD 阻碍风筝向前运动，OP 却能让风筝飞得更高。当 OP 大到超过风筝的重力时，风筝就飞起来了。

图3-4　风筝受力示意图

与纸风筝不同，飞机初始向上的动力并不是人力，而是由螺旋桨或者喷气式发动机提供的，但其飞行的原理却与之类似。

4 鼯鼠的滑翔

"飞机是模仿飞翔的鸟儿制作出来的吧。"对于飞机的构造，很多人都想当然地这样认为。然而，如果一定要找出和飞机结构类似的动物，鼯鼠、鼯猴或者飞鱼都比鸟儿更接近。这三种动物的相同之处是，它们都有飞膜。可别误会，它们的飞膜并不能带着它们飞向高空，而是让它们跳得更远。如果让飞行员来形容这个动作，他们一定会说是"滑翔下降"。

鼯鼠的滑翔过程，我们可以借助图3-5和上一节中的图3-4来说明。鼯鼠跳出时，因为自身所受的重力大于图3-4中 OP 所提供的向上的力，所以它们向高处跳出后无法像风筝那样飘在空中，而一定会落到地上，于是就出现了我们看到的跳跃动作；又因为飞膜使它们跳到了相当的高度，所以它们落地的时间随之延长，跳跃的距离更远。

图3-5 鼯鼠的"滑翔"

普通鼯鼠的跳跃距离为 20～30 米。在东印度和锡兰，有一种飞膜打开时直径超过半米的鼯鼠，它看上去和猫一样大，借助飞膜可以跳出 50 米远。这还不是动物所能"滑翔"的最大距离，菲律宾群岛上的鼯猴能跳出 70 米远呢！

5 植物种子的"翅膀"

"没有风的晴朗天气里，很多植物的种子会乘着气流'旅行'。傍晚时

分，这些种子被上升的气流带到陡峭的山坡上或者岩石的缝隙里，被水平方向的气流带到更远的地方。会飞翔的植物种子，具有神奇的'翅膀'。喜欢沿着墙壁或者篱笆生长的蓟类植物，种子的翅膀遇到障碍物时，会抛下种子独自飞走。当然，也有'翅膀'舍不得种子，从而永远和种子在一起。"

这是名著《植物的生活》中的一段话。根据书中的描述，很多植物的种子都能"飞翔"，以便找到新的扎根生长的地方，比如蒲公英、婆罗门参、槭树、松树、榆树和白桦树的种子。其中，有些植物的种子本身像降落伞，有些植物的种子带有可分离的"翅膀"。

（a）槭树的种子

（b）松树的种子　　（c）榆树的种子　　（d）白桦树的种子

图3-6　几种可以飞翔的植物种子

这些种子的"翅膀"类似于人类发明的滑翔装置，只不过前者更高级。它们不仅可以带着比自身重数倍的种子飞向高空，还可以自动调整飞行姿势。即使遇到狂风骤雨，种子也能安然着陆而不是狠狠地摔在地上。

 6 **跳伞运动员为什么延迟打开降落伞**

不打开降落伞就从 10 千米的高空跳下来，这究竟是勇敢还是愚勇？事实

上，专业的跳伞运动员都这样做，他们在距离地面几百米高时才会打开降落伞。

千万别以为打开降落伞前，跳伞运动员会像真空里的石块那样快速坠落。的确，运动员刚跳下去时会加速向下，但前面的章节中已经说过，速度越大，空气阻力越大，而且空气阻力的增长比下降速度的增长更快。在很短的时间内，运动员的下降速度就不会再增加，而是做匀速运动。

运动员加速下落的时间，和运动员的体重相关。根据计算，大多数人在最初的 12 秒内做加速运动，体重轻的人加速下降的时间更短。在这段时间内，运动员下降 400 ～ 500 米[①]，最后以 50 米每秒的速度匀速下降。如果他不打开降落伞，最后将以这个速度着地。

水滴的下落过程与此相似。与跳伞运动员相比，水滴质量小，加速下落的时间更短，大概 1 秒甚至更短，所以最后保持匀速运动时的速度也只有每秒 2 ～ 7 米。水滴没有"降落伞"来减慢其下降速度，所以这个速度也就是水滴到达地面时的速度。

7 飞旋镖

原始人猎捕食物时，常用到一种神奇的飞镖：这种飞镖的飞行轨迹是让人眼花缭乱的复杂曲线，更奇妙的是，如果没有碰到障碍物，它还会飞回使用者身边。

这就是澳洲土著所使用的飞旋镖。澳洲的土著曾经人人是使用飞旋镖的高手，此外，飞旋镖在印度也曾经被广泛使用。古埃及流传下来的壁画中，人们可以看到将飞旋镖当武器的士兵。只不过，其他地方的飞旋镖被投掷后虽然也有复杂的曲线，却无法飞回使用者身边。

---

①编者注：加速运动的时间以及加速下降的具体高差还与跳伞高度等因素有关，这里提到的 12 秒下降 400 ～ 500 米并不适用于所有情况。

图3-7　原始人用飞旋镖捕捉食物时，抛出了虚线所示的复杂路线

这种让科学家困惑了好长时间的高级武器，被视为原始人智慧的结晶。如今的科学家们已经破解了其飞旋之谜。简单说来，投掷的方式、飞镖的旋转和空气阻力决定了其飞行轨迹的复杂性。

现代人只要经过训练，掌握了投掷的正确角度、方向和力量，也能成为投掷飞旋镖的高手。首先，我们要参照图3-8中的方法制作一个纸镖，具体做法是将硬纸片剪成图中的形状，其中每个翼长约5厘米。之后，用左手的拇指和食指夹住两个翼的相交处，用右手的食指弹一个翼的末端。你会看到，纸镖真的飞出去了。如果不遇到障碍物，它还会回到你的身边。

图3-8　纸镖练习示意图

想让你的纸镖具有更复杂或者更完美的飞行曲线吗？那就必须让你的纸镖尺寸合理，此外，一定要勤加练习。

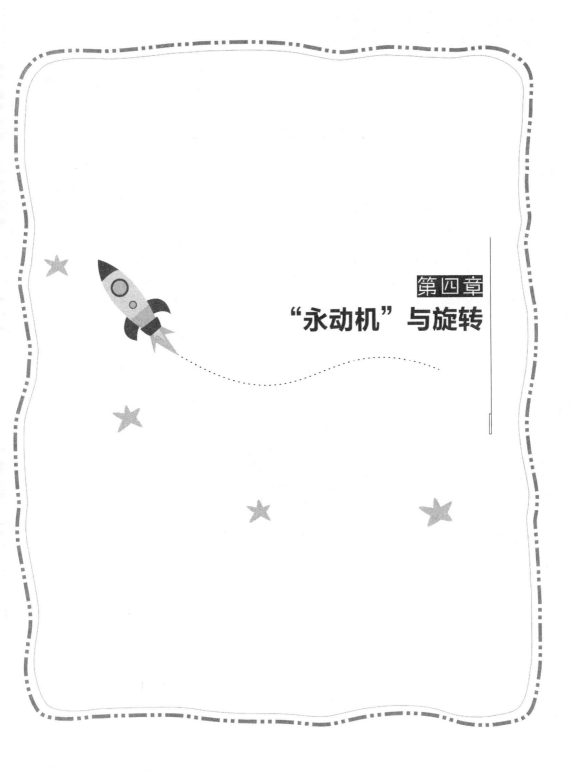

第四章

“永动机”与旋转

1 在旋转中区分生鸡蛋和熟鸡蛋

做饭时,不小心将一只生鸡蛋和一只熟鸡蛋弄混了。你能在不损坏鸡蛋外壳的情况下将二者区分开吗?

别发愁,只要让两只鸡蛋分别旋转起来,很容易就可以区分。

把两只鸡蛋分别放在水平处,按照图4-1中所示的方法进行旋转。其中,旋转速度快、旋转时间长的鸡蛋是熟鸡蛋。鸡蛋煮得越熟,旋转的速度越快、时间越长,甚至能快到隐去"踪迹",只留下让人眼花缭乱的白影。

图4-1 让鸡蛋旋转起来

之所以出现这样的现象,是因为生鸡蛋的内部是液体,液体和外壳是分开的,而熟鸡蛋内部不仅变成了固体,而且和外壳连在一起成为一个整体。当鸡蛋旋转时,熟鸡蛋内外朝着同一个方向旋转,生鸡蛋的蛋壳虽然开始旋转,但内部的液体却因为惯性而保持静止,所以会像"刹车"装置一样延缓生鸡蛋的旋转。

生鸡蛋和熟鸡蛋停止旋转时的状态也不相同。如果在你面前旋转的是一只熟鸡蛋,你只要用手轻轻一碰,它就会停止转动;如果是生鸡蛋,它在和你的手指接触时会停止,等你的手指离开后,鸡蛋还是会缓慢地旋转。其原因,是生鸡蛋内的液体在惯性作用下保持运动，导致生鸡蛋不能立刻停止旋转。

　　基于同样的原理，还有其他方法可以辨别鸡蛋的生熟。如图4-2，找到生熟两个鸡蛋的子午线，并沿着子午线套上一个橡皮圈，然后用两根同样的细线穿过橡皮圈，将鸡蛋悬挂起来。沿着同一个方向将两根细线扭转相同的圈数，放手后会发现熟鸡蛋立刻向反方向旋转，转到一定圈数后会再次反向，如此重复多次。生鸡蛋呢？你猜得没错，在惯性作用下，蛋壳内的液体仍然起着"刹车"装置的作用，所以生鸡蛋转两三圈后就静止不动了。

图4-2　用悬挂旋转的方式辨别生鸡蛋和熟鸡蛋

2　魔法转盘

　　前面的章节已经提到，人们对惯性存在不少认识上的误区，将惯性误认为是"离心力"也是其中之一[1]。下面的情形，相信很多朋友都遇到过：将撑开

---

①编者注：严格来说，离心力是一种惯性的表现，并不实际存在，是为了使牛顿定律在非惯性坐标系下仍然成立而引入。后文提到的离心力亦如此。

的雨伞伞尖朝下放置，轻轻转动伞柄，整个雨伞会随之旋转。将一个纸团扔在旋转的伞的中心，此时你会发现纸团无法停留在伞中心，而是被甩了出去。很多人以为将纸团甩出去的力是"离心力"，其实，这是惯性作用下的结果。

为什么这样说？原因很简单，在离心力的作用下，物体会沿着圆周半径的方向运动，而纸团却是沿着切线方向运动的。

根据物体转动时的惯性原理，人们制造出了不少有意思的装置，小朋友们喜爱的魔法转盘就是其中之一。这种转盘的外形如图4-3所示，在很多公园和游乐园都可以见到。转盘上的人会用各种办法把自己与转盘固定在一起，然而无论他如何努力，都会在转盘不断加速的过程中被惯性推向转盘的边缘方向。如果转盘边缘没有保护装置，当速度足够大时，人真的会被抛出转盘之外的。而且，距离转盘的中心越远，被抛离感就越强。

图4-3　魔法转盘

地球上尺寸最大的魔法转盘，非地球本身莫属。地球的尺寸太大，再加上地球引力的作用，所以我们不会被甩出去。但这并不意味着这个巨大球体的转动不会对我们产生影响。事实上，它能改变人们的体重：旋转速度越快，体重被减轻得越多。赤道地区的旋转最快，所以体重被减轻得最多，大概为原体重的1/300，此外再加上其他因素，被减轻的体重可达1/200。一个生活在赤道附近的人到达南极，如果发现自己的体重增加了300克，可千万别紧张。不需要采取任何减肥措施，只要回到原来住的地方，体重就会自行恢复的。

3 墨水也疯狂

气旋是常见的气象现象，但原理却很少有人知道。其实，只要用墨水和一个自制的陀螺就能讲明白。

如图4-4，用硬纸板剪出一个圆形，之后把削尖的木棍插入圆形纸板的中心，形成一个陀螺。想让陀螺旋转起来很容易，只需要用大拇指和食指捏住木棍轻轻转动即可。不过，要确保陀螺被放置在光滑的平面上。

与单纯地转动陀螺相比，接下来的实验要有意思得多，也更有意义。在陀螺的不同位置滴几滴墨水，趁着墨水没干迅速转动陀螺。陀螺停下后，奇妙的事情发生了：每一滴墨水都仿佛长了腿，在陀螺上留下了螺旋状的曲线。这些曲线组合而成的图形，就像旋风。

图4-4 墨水旋风

这种形状的曲线的出现是偶然的吗？只要你多实验几次，就会发现每次得到的结果都相同。你应该还记得上一节中提到过的魔法转盘吧？在这个试验中，墨水受到的力和转盘中的人是一样的，会在惯性的作用下由陀螺的中心向边缘移动。而墨水移动的轨迹不是直线而是曲线，是因为纸片的移动速度比墨

水快,所以墨水仿佛在追着圆形纸片跑一样,在纸片上留下了弯曲的轨迹。

大气运动与之类似。无论是空气从高压处流向低压所形成的"反气旋",还是空气从低处流向高压处所形成的"气旋",它们的形成都和陀螺上墨水滴的运动原理相同。从这个意义上说,墨水滴形成的轨迹是不折不扣的墨水旋风。

 4 受骗的植物

大自然中,植物总是向上生长。对此,生物学上的解释是:植物总是向着与重力相反的方向生长。那么,植物"向上生长"的特性能否被改变呢?一个多世纪以前,英国植物学家奈特做的一个实验可以解答这个有趣的问题。

如图4-5,奈特将植物的种子种在了旋转的车轮上,一段时间后,在没有施加其他外力的情况下,神奇的现象出现了:种子发芽后长出了幼苗,但幼苗并没有向上生长,而是向着轮子的中心生长,也就是说,它的根都朝着轮子外面生长。

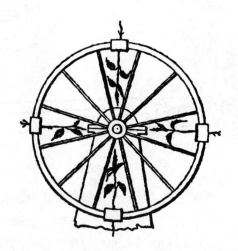

图4-5 种在旋转车轮中的植物生长示意图

为什么会这样？植物不都应该朝着和重力相反的方向生长吗？的确是这样。这一实验的结果只能说明：轮子旋转过程中产生了一种足以抵消重力的力，从而骗过了植物。

这种力就是车轮旋转过程中植物"感受"到的"离心力"。随着车轮转速的增加，"离心力"大到足以抵消重力的影响，并最终替代重力成为影响植物生长的力。因为"离心力"是从车轮中心沿着车轮半径指向车轮外的，所以植物的生长方向与之相反，即朝着车轮中心生长。就这样，植物上当了。

5 永动机

如果世界上有一种机械装置，在没有外力作用的情况下，不仅能永不停息地运动，而且能做功举起重物，那该多好！

在很长的历史时期内，人们热衷于制造出这样的机械装置，并将其命名为"永动机"。

中世纪时，有的痴迷者为了制造"永动机"不惜代价，甚至将此视为比炼制黄金更有吸引力的事情。普希金[①]作品《骑士时代的几个场景》中的幻想家比尔多德与朋友的对话可见一斑：

"永动机是什么东西？"马丁问。

比尔多德说："我亲爱的朋友，永动机就是运动永不停止的机器啊！不得不承认，炼制黄金的确很有吸引力，但是你不觉得制造永动机更有趣吗？如果我真的能发明永远转动的机器，那我还有什么事情做不到呢？炼制黄金，小事而已！"

中世纪时，人们对"永动机"的热情绝不是仅仅停留在口头上。图4-6是

---

①普希金：俄罗斯著名的浪漫主义文学家、诗人，被认为是现代俄罗斯文学的奠基人。《自由颂》《致大海》《假如生活欺骗了你》为其诗歌中的代表性作品。

中世纪时设计的典型"永动机"。在一个圆形轮子的边缘，设计者安装了可以活动的短杆，并且在每个短杆的另一端都拴上重物。无论轮子怎样转动，右边的重物距离轮子中心的位置都比左边的重物更远。设计者以为这样能使轮子的右边总比左边重，从而带动轮子永远从左向右转动。可是，当设计者将这一绞尽脑汁的设计呈现出来时，却沮丧地发现轮子并没有像自己希望的那样一直转动。

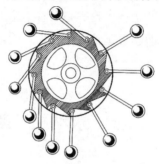

图 4-6　中世纪时设计的"永动机"

到底是哪个环节出了问题呢？原来，虽然轮子右边的重物距离中心的距离更远，但设计者百密一疏，没有注意到右边重物的数量比左边少。如图 4-6 中，右边重物的数量是 4 个，左边轮子的数量却是 8 个。根据力矩定律，这种情况下右边重物的重量不足以带动轮子永远转动下去。所以轮子只在最开始时晃动了几下，随即便因为力的平衡而处于静止状态。

一两次的失败并不能浇灭痴迷者的热情。图 4-7 是人们设计出的另一种永动机装置模型。

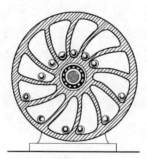

图 4-7　装满钢珠的"永动机"模型

这一次，人们在轮子里装上了可以自由滚动的钢珠。和上面的装置原理类似，设计者让一侧的钢珠离轮子中心更远，然后利用这一侧钢珠的重力让轮子旋转起来并一直保持下去。结果可以想象，仍旧以失败告终。

　　在几个世纪的漫长时光中，人们设计了很多种和上面类似的永动机装置，但那些看似合理的装置总有设计者难以觉察的疏忽，所以结果可想而知。

　　"永动机"虽然一直没有被研制成功，但有些商家却成功地利用"永动机"赚了一笔。

　　在美国洛杉矶，有个咖啡馆为了招揽顾客，制作了一个巨大的轮子。如图4-8所示，从表面看，轮子似乎是由里面沉重的巨型指针牵引转动的，可实际上为其提供动力的是一个被隐藏得很好的秘密电机。在当时，这点子的确为咖啡馆吸引了不少注意力，即使在其骗局被揭穿后依然如此。

图4-8　咖啡馆为招揽顾客而建造的假"永动机"

这种被用于做广告的"永动机"如今仍旧存在着，而且还曾给我带来过麻烦。我的学生见过这种装置后，曾当着我的面质疑能量守恒定律的正确性，而该定律是我之前一直向他们强调的。他们和美国咖啡馆面前的很多顾客一样，没有发现提供动力的秘密电机，而是被眼睛看到的表面景象欺骗了。他们竟然对我说"耳听为虚，眼见为实"，不再像以前一样信任我了。直到一个停电的日子，学生们在我的建议下去看了他们心目中的"永动机"，才一脸羞愧地承认我强调的是对的：停电的日子里，商家怕事情败露，藏起了他们所谓的"永动机"。我聪明的学生，自然能猜到事情的原委。

和如今的绝大多数人一样，他们更加坚信能量守恒定律不容置疑。自然，我也不需要再担心他们会去徒劳无功地研制这样一台机器。

6 "永动机"的坏脾气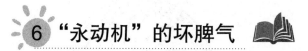

普列森托夫是谢德林[①]小说《现代牧歌》中的一个角色。之所以在本节中提到他，是因为他是"永动机"的狂热爱好者。

在谢德林的描述中，普列森托夫三十五岁，身材瘦削，脸色苍白，他的眼睛大而眼窝凹陷，长发直披到后颈。他家里除了一个巨大的飞轮，几乎空无一物。那个轮子的中心是空的，中心和轮子边缘之间由辐条连接。轮子中心空着的部位有用于保持轮子平衡的沙袋，当然，普列森托夫对外是不肯透露这个秘密的。一根木棍被插在辐条之间，用于固定轮子。

以下是小说中的原文摘录：

眼前的这一切使我感到好奇，我忍不住问普列森托夫："听说你成功地研制出了'永动机'。真的吗？"

---

①谢德林：俄罗斯杰出的现实主义作家，曾被与陀思妥耶夫斯基等人相提并论。他出身军旅并常年在军中供职，利用业余时间从事文学创作。

"呃……我想应该可以这样说吧。"虽然脸涨得通红，但普列森托夫还是承认了。

"可以让我见识下你的伟大发明吗？"

"没问题，不胜荣幸，随时欢迎。"

在普列森托夫的带领下，我们恭敬地绕着那个大轮子转了几圈。我们并没有发现这和普通的轮子有什么不同。

"它真的能转动吗？"

"呃，我想应该可以吧，除了偶尔发生小故障的时候……"

"转动之前，是不是要先把那根木棍拿下来？"

普列森托夫拿下了木棍，然而轮子还是一动不动。

"唉，它大概闹情绪了。"普列森托夫的语气中充满了遗憾，说："可能需要推一下。"

他果然去推那个大轮子。起初只是轻轻地摇晃，而后力气越来越大，最后仿佛用尽了全身的力气将轮子推出去。

谢天谢地！轮子真的转动起来了。我们听到了沙袋晃动的美妙声响，只可惜，这声响随即就被运行不畅的咯吱声所替代。轮子在我们眼前停止了转动。

"它还是有点小故障，不过，没关系！"他的脸因为着急和羞愧而更红了，同时，他摇动轮子的力气也更大了。

和之前一样，轮子转动不久后就又停下了。

"是不是摩擦力在捣乱？"

"摩擦力？哦，不，您怎么会这么想。不会是那样的。我觉得……有可能轮子现在的心情不好。它高兴的时候转动得很顺利呢。我想，大概是材料出了毛病。要知道，这些木板都是下脚料，轮子大概不高兴我这样对待它。"

现在我们自然知道，普列森托夫的"永动机"并不是因为材料不好才难以实现"永动"，更不是因为发脾气，而是这种装置本身就不符合能量守恒定律。它最初的转动仅仅是因为这位沉浸在成就感中的发明者推了一下，等这个力被消耗完之后，轮子不停下来才怪。

然而在当时，俄国的发明家们却不这么想，其中包括很大一部分没有太多

文化的爱好者。他们想了千奇百怪的方法来制作"永动机"。比如小说中的普列森托夫，这一人物的原型其实就是西伯利亚一个名叫亚历山大·谢格洛夫的农民。可以想见，那是怎样一个执着于制造"永动机"的年代。

 7 让人误会的储能器

19世纪20年代，发明家乌菲姆采夫制造的新型储能器，曾让人们误会永恒运动已经实现了。

这种储能器被称为"乌菲姆采夫机械能储能器"。它的主体结构是由巨大的圆盘和装有滚珠的轴承组成的，其中圆盘被固定在滚轴上，能够绕竖轴旋转。圆盘的外面是一个被抽出空气的空壳。在这样的环境中，只要让圆盘的初速度达到20 000转每分钟，它可以不停地旋转15个昼夜。

在当时，很多粗心的人被这种储能器的外表迷惑了，并没有注意到圆盘转动过程中其实被注入了能量，甚至很多人根本没有连续观察过15个昼夜，因而误以为"永恒运动"已经实现了。

 8 "永动机"带来的意外收获

对于真正痴迷的事情，人们往往不计后果，倾其所有，不论其身份是科学家，还是农民。人们对"永动机"的追求就是如此。曾经有一个生活并不富裕的农民，花光了家里所有的积蓄制造"永动机"。一贫如洗的他并没有就此停止，而是继续寻找可以帮他实现这一梦想的人，为此不惜大量借款，直到倾家荡产，再也无力偿还。这个人只是无数牺牲者中的代表，在制造"永动机"的过程中，这些人付出的不仅是金钱，还有比金钱更宝贵的时间和精力。与物质上的损失相比，他们的一生都在为一件不可能实现的事情而奋斗，这才是更大的悲剧。

然而，并不是所有的研究者都一无所获。一些有意思的新发现，就在这个过程中产生了，比如斜面上的力量平衡定律。

这条定律的发现者叫斯台文[①]。他出生于16世纪末，是荷兰著名的数学家。或许很多人觉得这个名字太陌生，但如果提到他的成就，人们就会知道他提出的理论对日常生活产生了多么重大的影响——他发明了小数；代数中的指数概念也是他首次提出的；甚至，他在帕斯卡之前就已经提出了流体静力学定律，后者只不过是重新论证了这一理论。科学界总有一些应该得到更高评价的人，斯台文就是其中之一。

如今提到斜面上的力量平衡定律时，人们习惯于用力的平行四边形法则进行论证，斯台文却是在研究"永动机"的过程中提出这一原理的。他当时所用的模型如图4-9所示：他将14个大小和质量完全相同的小球串在一条线上，之后挂在三棱体上。他当初设计这种装置，本意是寻找制造"永动机"的方法，可模型搭建之后，他却意外地发现，这一串小球保持了平衡。

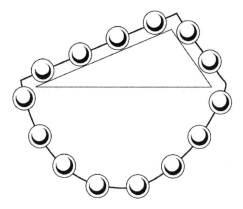

图4-9　斯台文设计的模型

①斯台文：文艺复兴时期荷兰杰出的力学家、数学家和工程学家。他相信科学对于人类社会发展的巨大推动作用，所以终其一生都主张人们联合起来进行科学研究。

该模型中下面的几个小球保持平衡不滑动，这很容易理解。为什么斜面上的小球也能保持平衡呢？因为这 14 个小球已经被串在一起成为整体，如果有一个小球滑动，势必会带动另外的小球运动，如此一来，下面的小球也无法静止，这种状况，与我们日常生活中见到的情形是矛盾的。

那么，斜面上的小球是如何保持平衡的呢？要知道，左边的斜面上有 4 个小球，而右边的斜面上仅有 2 个小球，重量根本不对等。在思考这一问题的过程中，斯台文发现两个斜面上小球的比值和两个斜面长度的比值是相同的。又经过多次实验后，斯台文提出了后来被广为人知的那条定律：互相连接的物体被放置在两个斜面上时，只要斜面上物体质量的比值与斜面长度的比值成正比，物体就可以保持平衡。

如果两个斜面中较短的那个面恰好与水平面垂直，怎样才能让小球保持平衡？答案是，较长斜面上的小球必须获得向上的支撑力。这个支撑力是由竖直方向上的小球的重力提供的。于是，按照斯台文之前的结论可以推导出，当有一个斜面与水平面垂直时，必须施加一个垂直向下的力才能让长斜面上的物体保持静止，而且这个力的大小和长斜面上物体重量的比值，正是垂直面长度与斜面长度的比值。

 9 另外两种"永动机"

查阅和"永动机"相关的史料，你会发现其形式多得超乎想象。图 4-10 是一种由轮子和链条组成的"永动机"。从图中可以看到，所有的轮子都被套上了沉重的锁链，而且右边的锁链比左边的锁链长。按照设计者的预想，右边的锁链更重，所以会带动轮子不断向右转动，从而实现"永动"。

毫无疑问，这也是一次失败的尝试。从表面看，右边的链条的确比左边更重。然而左边的链条是垂直向下的，右边的链条却是弯曲的。对于受力方向不同的两个力，单纯地比较大小是没有意义的。所以，链条根本不会动，更谈不上带动轮子转动。

　　一次次的失败并没能阻挡住狂热者的脚步。19世纪60年代，一位自命不凡的发明家将他发明的"永动机"带到了巴黎的展览会上。他自信满满地表示没有任何力量能让他的"永动机"停下来，并得意扬扬地展示了他的作品。和绝大部分"永动机"一样，他发明的装置也有巨大的轮子，只不过轮子中的沙子、链条等被滚动的小球取代了。展出时，他的"永动机"的确在转动。人们在他夸夸其谈的讲述中，忍不住伸手触摸轮子，想让它停止转动，然而正如那位发明家所说，无论人们用什么办法，均不会让"永动机"停下，那轮子一直在转。

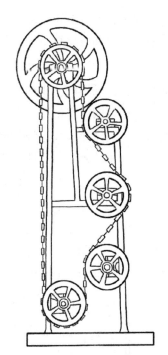

图4-10　轮子和链条组成的"永动机"

　　这是否说明"永动机"真的被制造出来了？当然不是。事情的真相是，设计者在轮子上不显眼的地方安装了机械弹簧，从而可以把人们试图阻止轮子转动的力转化为动力。所以，人们越想阻止它转动，它就越是一刻也不停地转动。

10 彼得大帝时代的"永动机"

　　史料中有很多和"永动机"相关的记载，其中一批1715—1722年的书信向后人展示了彼得大帝购买"永动机"的细节。

　　彼得大帝想要购买的那台"永动机"，是一位叫奥菲列乌斯的德国博士发明的。当时，那位发明者宣称自己发明了"永动机"并不遗余力地推介自己的

发明，因此在德国名声大噪。与此同时，对一切新事物都感兴趣的彼得大帝正在搜罗全世界的奇珍异宝。

那么，这位要卖"永动机"给彼得大帝的博士究竟是怎样一个人？他所谓的绝对不会出问题的"永动机"到底是什么东西？

根据可信的史料记载，奥菲列乌斯只是那位博士众多化名中的一个。他于1680年出生于德国，原名叫贝斯莱尔，从事过和神学、医学、绘画等相关的工作。在"永动机"引起的热潮中，他也被席卷其中，并成为那个时代的"弄潮儿"——他靠着所谓的"永动机"名利双收，成了那个时代最著名的发明家。

当初他想卖给彼得大帝的"永动机"到底是什么样？从流传至今的古书中，人们还可以了解其构造。如图4-11所示，奥菲列乌斯发明的"永动机"主体是一个巨大的轮子，轮子不仅会自己转动，而且还能把一些重物托举起来。

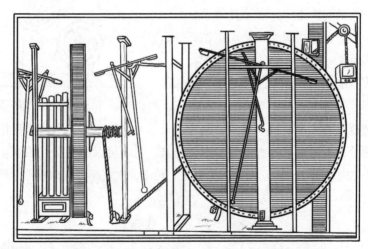

图4-11　奥菲列乌斯想卖给彼得大帝的"永动机"

在打算卖给彼得大帝之前，奥菲列乌斯就已经带着他尚不完美的发明赶场似地奔赴各种展览现场，不断吹嘘机器的神奇之处。波兰国王对他的发明也相当感兴趣。当时，给奥菲列乌斯最大支持的是德国的一位侯爵。侯爵不仅提供人力、财力、物力，甚至还把自己的城堡赏给了博士。在侯爵的资助下，奥菲列乌斯继续他的实验。

1717 年 11 月 12 日，对于奥菲列乌斯和他的支持者来说，是一个激动人心的日子。奥菲列乌斯宣称他的"永动机"研制成功。

为了验证奥菲列乌斯的话，侯爵将这台"永动机"锁在一个房间内。他在门上加了锁，贴上封条，并派人把守，确保任何人都不能走进那个房间。两周后，急不可耐的侯爵揭开封条，赫然发现那台机器还在转动，而且其运行状况一点也不比两周前差。他好奇地利用外力让机器停止转动，让人吃惊的是，过不了多久它又开始动了。

类似的检验，侯爵做了三次，而且"永动机"被锁在房间里的时间越来越长。最长的一次达两个月之久。当侯爵最后一次打开门并看到仍在转动的机器时，他彻底相信了奥菲列乌斯。

侯爵的认可无疑是对奥菲列乌斯最强有力的支持，他甚至还给奥菲列乌斯的发明颁发了证书。证书中明确写道：这的确是永动机，它每分钟转 50 圈，可以把 16 千克重的物体提升到 1.5 米的高度。此外，它还可以为风箱和砂轮机提供动力。这张颇具权威性的证书成了奥菲列乌斯最好的广告。他走到哪里都会被热情称赞、盛情款待，出尽了风头。也许，如果他没有同意把"永动机"卖给彼得大帝，他的收入将是转让额的十倍。

彼得大帝对珍奇物件的兴趣是出了名的，像发明出"永动机"这样轰动的大事，自然不会被他所忽视。早在 1715 年，彼得大帝在出国访问的途中听说过奥菲列乌斯和他的"永动机"实验，并派了自己的亲信大臣去了解情况。奥菲列乌斯宣告研制成功后，彼得大帝在没有见到实物的情况下就动心要购买了。为了表示对发明者的重视，彼得大帝除了派出外交大臣奥斯捷尔曼了解情况外，还请当时的著名哲学家赫里斯季安·沃尔夫参与交涉过程。甚至，彼得大帝还想将发明者请到他的国度，让他以杰出发明家的身份参与俄国的科研工作。

奥菲列乌斯的名望就如同越滚越大的雪球一样，甚至开始有诗人用热烈的诗句表达对他的赞扬和倾慕。在科学界，奥菲列乌斯更是一度成为偶像级人物。

然而，人们对奥菲列乌斯的质疑也从未停止。反对者会问：如果"永动

机"真的存在，为什么只有他一个人制造出来了？更何况，当时的实验是在侯爵家里进行的，其真实与否本就缺乏有力的证据。甚至有人愿意给揭开真相的人1 000马克巨款，然而调查却仍旧没能进行下去。

纸包不住火，再巧妙的骗局也终有被揭穿的那一天 ——虽然对于奥菲列乌斯的质疑者来说，这一天来得有点晚。奥菲列乌斯骗局的秘密，他的妻子和女仆是知道的。有一次奥菲列乌斯和她们吵架，其间两人提到了"永动机"的秘密，正巧被旁人听到了。真相如长了翅膀一样飞速传播，当时甚至有人画了一张惟妙惟肖的图片来说明。这张图，如今被完好地保存在一本古书中，如图4-12。原来，奥菲列乌斯的"永动机"之所以可以不停地转动，是因为有人躲在隐蔽的角落里不断拉动绳子，为轮子提供动力。

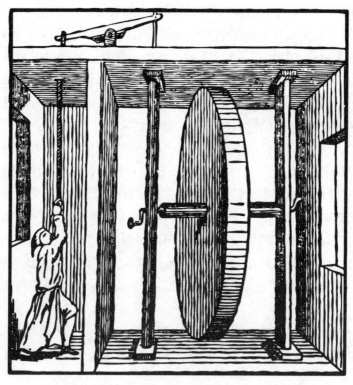

图4-12　奥菲列乌斯的骗局

骗局就此揭开，简单到让人们怀疑自己的智商。奥菲列乌斯本人却至死都不承认，口口声声说妻子和女仆因为仇恨而捏造谎言诽谤他。不过，无论奥菲列乌斯如何辩解，人们都已经不再信任他了。他唯一能做的，就是不断地向彼得大帝的使者解释，但已经于事无补。

　　在彼得大帝时代，进入彼得大帝视野的“永动机”不只这一台。德国人格特叶尔发明的“永动机”是其中的一台。为彼得大帝找到这台机器的大臣舒马赫在看了这台机器后，描述说机器的形状像磨刀石，里面装满了沙子。据发明者的描述，这台“永动机”唯一的缺点就是运动幅度太小。舒马赫向彼得大帝报告这件事情时，是这样说的：“发明家说得煞有其事，但是英国和法国的学者却认为所谓的‘永动机’和物理学的基本原理相违背，所以根本不相信。”显然，舒马赫说对了。

第五章
液体和气体的奥秘

1 壶嘴位置决定壶的容量

两把粗细相同的咖啡壶，一把高，一把矮，如图 5-1 所示，哪把咖啡壶能盛下更多的液体？实际生活中，绝大多数人会毫不犹豫地选择高的，并且不会对自己答案的正确性产生丝毫怀疑。

图 5-1　哪把壶的容量更大

然而，当你真的找来这样的两把壶实际比较时，却发现高的壶并不能比矮的壶装下更多液体——它们的容量竟然是相同的。为什么会这样？

原来，一把壶的最大容量，是由其壶嘴的高度决定的。无论壶本身有多高，一旦壶内的水位达到壶嘴的位置，再倒水肯定会溢出来。图中的两把咖啡壶，其壶嘴的高度相同，所以容量也相同。只不过，人们往往会忽视这一细节。

这个道理并不难理解。咖啡壶的壶嘴和内部是相互连通的，内部的液体都会保持在同一个水平高度。所以，你永远也无法灌满一个壶嘴比较低的咖啡壶，因为液体一旦达到壶嘴的高度并充满壶嘴内的空间后，就会溢出。也正是因为如此，日常生活中人们会把壶嘴的位置做得比较高。

 # 2 古罗马人的笨工程

与其他很多城市不同，罗马的居民如今使用的输水管道，居然是古罗马时

期的奴隶们修建的。然而，以今天的眼光看，这套曾经让世人惊叹的输水管道，在某种程度上暴露了古代设计者对物理学知识的无知。

德国慕尼黑的德意志博物馆保存着古罗马输水管道示意图，即图5-2。从图中我们可以看到，古罗马的输水管道并没有像今天一样被埋在地下，甚至不是在地面上，而是被高大的石柱架设在空中。

图5-2 古罗马输水管道示意图

设计者为什么会采取这种增大工程量的做法？原因很简单：因为地面是高低不平的，所以设计者担心无论是将管子埋到地下，还是将其放在地面上，输水管都会因为地势的起伏而无法处于同一水平面，而古罗马的设计者担心，水无法从低处流向高处，而将输水管道架设在空中，就能保证管道在同一水平面。有时候，为了让管道处于同一平面，设计者还费劲地修建了拱形的支架或者绕了远路，使工程量大为增加。比如那条叫阿克克瓦·马尔齐亚的管道，两端的直线距离只有50千米，而设计者却额外绕行了50千米，使得整个管道长达100千米。

如果设计者能对上节提到的连通器原理了解得更清楚一点，想必就不会费时耗力地修建这样一项"笨工程"了。

3 液体具有向上的压力

被放置在容器中的液体，不仅对容器底部有压力，而且对容器侧壁也有压力。这很容易理解。然而，如果说液体也会产生向上的压力，那就需要花些时间解释了。

关于这一点，只需要一个小实验就能证明。具体操作如图 5-3 所示。

图 5-3　液体可以产生向上的压力实验图

实验所用的工具很简单，只需要一个普通的煤油灯罩、一个厚纸板、一根线就能完成。在厚纸板上剪下圆形的纸板并在纸板中心穿一条细线，确保纸板的直径大于灯罩的直径。用圆形纸板盖住灯罩口，将它们一起放入水中。为了防止纸板脱落，起初需要拉紧细绳，但是当灯罩下沉到一定位置时，即使你放开绳子，纸板也不会掉下来。由此可见，水托住了纸板，给了它一个向上的压力。否则，纸板就一定会掉下来。

这个向上的压力到底有多大？下面教大家一个简单的测量方法：小心地、

缓慢地向灯罩内注水，仔细观察，你就会发现当灯罩内部的水位和外部水位一样高时，纸板会掉下去。这就意味着，水对纸板的托举力和此时灯罩内的水对纸板的压力是相等的。只要计算出灯罩内的水所产生的压力，自然就知道了水对纸板向上的压力有多大。正是通过这类实验，人们总结出了液体对浸入其中的物体产生压力的规律。阿基米德原理中所说的物体被浸泡在液体中时重量更"小"，也是基于同样的原理。

那么，浸入液体中的物体所受到的压力大小是由哪些因素决定的？是否和容器的形状有关系？下面这个有趣的实验可以解答这个问题：找来几个形状不同但是罩口大小相同的灯罩，按照图5-3中的方法将它们依次浸入到水中的同一高度，并向灯罩内注水，如图5-4，你会发现无论灯罩是什么形状的，每次只要水位达到一个固定的高度，纸板就会掉下去。这说明浸入液体中的物体所受压力的大小和容器的形状无关，而只和容器的底面积及浸入水中的高度相关。特别需要注意的是，这里所说的高度并不是长度，高度是从该点向容器底面引出的垂线的长度。所以，一个很长但是倾斜着的水柱产生的压力，有可能和一个很短但垂直于容器底面的水柱相等。

图 5-4 　液体的压力和容器底面积以及水面高度相关的实验

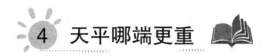

4 天平哪端更重

将两个盛满水的小桶分别放在天平的两端。这两个小桶是一模一样的，只不过其中一只桶上还有一个飘浮的木块。如图5-5，你认为哪端更重？

图5-5 天平的哪端更重实验

有人会说，当然是有木块的那端比较重，因为木块毫无疑问具有重量；另外一些人会说，没有木块的那端比较重，因为木块挤占了水的位置，而木块的密度比水小，所以整体重量减轻了。

这两种说法听上去都有道理，可实际情况是，天平两端的重量是一样的。

木块的密度的确比水小，木块也的确导致了桶内水的减少，但根据浮力定律，这都不会影响到水桶及其内部物体的重量。浮力定律是这样表述的：物体浮在水中时，排出的水的重量与自身重量相等。从这一定律中，我们很容易推断出天平两端的重量相等。

下面换一种情形：在天平的一端放半桶水，同时在桶旁边放一个砝码；在天平的另一端放砝码，直到天平两边的重量相等。这时，把小桶旁边的砝码放

到小桶里，会发生什么呢？

出乎很多人的预料，天平居然继续维持平衡。根据阿基米德原理，砝码被放到水中后，重量明明应该减轻啊，如此一来天平这端的整体重量不就变轻了吗？这种分析有一定的道理，但分析者没有注意到一个重要的细节：砝码在水中的确变轻了，但它排开的水使得小桶内的水面上升了，所以水对小桶底部的压力增大。这一原本不存在的压力和砝码减轻的重量相等，所以天平会继续保持平衡。

5 液体也有固定形状

液体被放进圆形容器中，就会呈现圆形；如果被洒在没有阻挡的桌面上，就会变成薄薄的一层流散开来。液体呈现出的形状总是随着容器的形状而变化，这让很多人以为液体没有固定形态。

其实，日常生活中所见的液体都是球形的，只不过在重力作用下无法保持其本来的形态。也就是说，如果液体失去重力，就会恢复其本来的形态。那么，如何才能让液体失去重力呢？

根据阿基米德原理，物体被放到液体中时其重量会减轻。液体也是如此。而且当两种液体的密度相等时，被注入的液体就会呈现出"失重"状态，从而摆脱重力恢复其本来形态。

这一理论可以通过一个实验来验证。这一实验所需要的材料为水、95%酒精和橄榄油，三者的密度从小到大依次是95%酒精、橄榄油、水。所以，将橄榄油放入95%酒精中会下沉，而放入水中会漂浮。将密度较大的酒精和密度较小的水混合，使混合液的密度和橄榄油相同。为了便于观察，将适量混合液倒入透明水杯中，然后用注射器将少量橄榄油注入其中。此时你会看到，橄榄油在混合液中慢慢汇聚，直到变成球形，然后既不下沉也不浮起，而是悬浮在凝聚成球形的地方，如图5-6。

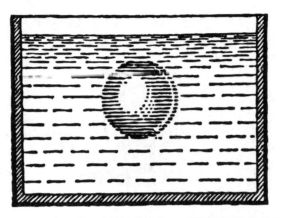

图 5-6　在酒精和水的混合液中，橄榄油汇聚成球形

　　尤其需要指出的是，如果没有足够的耐心和细心，很难将这个实验做成功。在用注射器注射橄榄油时动作要特别轻，否则在强大的推力下橄榄油会分散得很厉害，甚至无法汇聚在一起。

　　这一实验接下来的步骤更有趣。找一根竹竿或者铁丝，用它穿过橄榄油滴的中心并慢慢旋转，此时油滴竟然也随之转动。随着旋转速度的加快，油滴先是变成扁圆形，而后变成环形。如果速度足够快，你还能看到圆环断裂并重新凝聚成一个个小球体。这些小球体会绕着之前的大球体转动，如图 5-7。

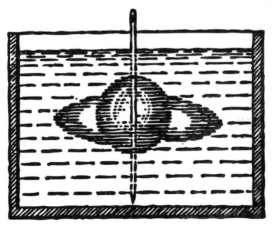

图 5-7　用竹竿或铁丝搅动油滴时的情形

发明这个有趣实验的天才叫普拉托，他是比利时的物理学家。其实，这个实验还有一种更好玩、操作更方便的做法，如图5-8。

图5-8 普拉托实验的另一种做法

找一个干净的小杯子，在杯子里倒上适量橄榄油。将这个小杯子放入到一个大杯子里，然后往大杯子里倒入95%酒精，直到95%酒精"淹没"小杯子。然后十分小心地往大杯子中加水，注意要让水顺着杯壁往下流。在注水的过程中，小杯子里橄榄油的表面会慢慢凸起，最终从小杯子中浮起，变成一个球体悬停在大玻璃杯中。此时，水和酒精混合液的密度和橄榄油的密度相等。

这一实验中所使用的试剂并非不可替代。如果没有酒精，可以用别的液体代替。甚至橄榄油也不是唯一的选择，比如可以改用苯胺代替。苯胺在常温下密度比水大，可当温度达到 $75 \sim 85\,^{\circ}\!C$ 时要轻于水。所以，我们只需要把水加热到一定的温度，苯胺就可以在温水中恢复其本来面目，即变成球形。如果不具备加热条件，我们可以配置出和苯胺相同密度的盐水，也可以得到同样的实验结果。此外，还可以使用甲苯。

6 铅弹的制作方法

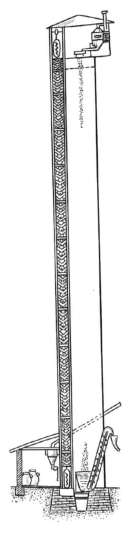

图 5-9 利用"高塔法"制作铅弹

通过前面的章节，我们已经知道以下两个事实：第一，如果液体不受到重力吸引，会表现出本来的球形形状；第二，如果忽略空气阻力，物体自由下落过程中处于"失重"状态，重量为零。那么，自由下落的液体是否呈现出球形？只要你想想从空中落下的雨滴，就会发现这种推测是正确的。

实际上，这种理论在现实中有着广泛的应用，铅弹就是其应用的产物之一。在制作过程中，最具视觉冲击力的工具是一个大概45米高的高塔，而且高塔旁必定有一个水槽。如图 5-9 所示，高塔顶端有可以进行熔铸处理的车间，铅在那里被熔为铅液。铅滴被从塔上浇下，正好落入高塔旁的水槽中，就可以得到球形的铅弹了。只不过此时的铅弹还很粗糙，需要进一步加工处理。

在这一过程中，有人以为水槽是用来冷却的，其实不然。铅液在下落过程中就已经凝结成球形了，水槽的作用只是防止铅弹因为受到撞击而变形。

利用这种方法制作而成的铅弹被称为"高塔法"铅弹。这种铅弹的直径都不超过6毫米。制作直径更大的铅弹需要采用另外的方法，比如将截断的金属丝碾压成球形。

7 "无底"的高脚杯

　　一个已经盛满水的高脚杯里能放下多少枚大头针而水不会溢出来？在回答之前，不妨先尝试一下，否则你说不定会错误地以为只能放一两枚。

　　在这个实验中，投放大头针可是需要技巧的。为了防止投放时用力过大将杯子里的水溅出来，你得小心翼翼地先让针尖接触到水面，而后慢慢松手，确保不能让水面产生任何震动，不让水溅出来。用同样的方法将大头针一枚枚放进去，数一数你到底能放进多少枚大头针。

　　你被自己眼前的情形吓到了吧？几十枚甚至上百枚大头针已经被放到水里了，可是水仍旧没有溢出来。

　　如果你有兴趣而又有耐心的话，可以继续放大头针，然后发现两三百枚大头针投进去了，水还是没有溢出来。不过，细心的人应该能发现这时的水面微微向上凸起。

　　千万别忽略这几乎难以觉察的凸起，秘密就在其中。其实，这凸起的体积，正是被投入到水中的大头针的体积。

　　一个杯子中究竟能容纳多少枚大头针，取决于凸起的体积和单个大头针的体积。大头针的长度大约为25毫米，直径0.5毫米，根据圆柱体体积公式 $\pi D^2 h/4$，可以计算出大头针的体积是5立方毫米左右。针帽的体积大约为0.5立方毫米，所以整个大头针的体积约为5.5立方毫米。

　　凸起的水面面积也可利用圆柱体体积公式计算。一个直径为9厘米的杯子，假设凸起的高度为1毫米，凸起部分的体积大约为6 400立方毫米。两相比较，很容易得出这个数值约是大头针体积的1 200倍。这就意味着，只要我们有足够的耐心再加上足够小心，就可以在确保水不溢出的前提下，把1 000多枚大头针放入一个直径为9厘米的杯子里。

8 爱钻空子的煤油

"煤油简直无孔不入，充斥着我们旅行时的整个空间。我们在船上时，油箱明明在船头，可它却偷偷溜去船尾巴晃荡。即使我们走下船也无法摆脱它，它像个恶魔一样追到城里毒害我们。它大概是最会钻空子的物体了，在各种窄小的空隙里飞奔，扎入水中，飞上天空，恐怕连月亮都沾染了煤油味儿。我们想呼吸新鲜的空气，可它充斥在我们身边所有的空间里。我们只能眼睁睁任由它毒害我们、看着它破坏朝霞和月亮的美丽而毫无办法。"

这是英国作家杰罗姆在中篇小说《三人同行》中的描述，无孔不入的煤油让他苦不堪言。这描述可能有些夸张。其实，他之所以觉得处处都是煤油的味道，只是因为他的衣服上沾上了一点。

之所以如此，是因为煤油有一种被称为"挥发性"的特殊性质。人们对煤油"挥发性"最直观的印象，应该是在使用煤油灯时，哪怕煤油灯的盖子有一丝缝隙，煤油都能"钻出来"，甚至把不久前才擦干的灯罩弄湿。

煤油的这种特性，使它在很多场合扮演着"讨厌鬼"的角色。那些用煤油做燃料的船只，甚至生意会因此受到影响——人们都不愿意用这种有难闻气味的船只运送货物。人们想了很多办法来消除这种特性带来的影响，但从来没有成功过。

此外，煤油还有另外一种特性，即预热会膨胀。所以往煤油灯里加煤油的时候千万不能加太满，否则在盖子拧紧的情况下，有发生爆炸的危险。

 9 让硬币浮在水面上

硬币可以浮在水面上吗?

问这个问题,并不是拿你寻开心,而是现实情况的确如此:硬币真的不会沉下去。不相信的话,可以通过下面的实验来验证。

在关键步骤之前,不妨先进行练习和预热,用缝衣针进行试验。准备一个装有水的玻璃杯,在玻璃杯上放一张纸;将缝衣针擦拭干净并让它保持干燥,之后把缝衣针放到纸上,缝衣针在纸的托举下不会下沉。此时用其他物体按压纸张的边缘,直到纸被浸湿后沉入水底。奇怪的是,缝衣针并没有随着纸张一起沉下去,而是继续漂在水面上。此时,如果你拿着一块磁铁石,你甚至可以将它靠近杯子,遥控缝衣针。如图5-10所示。

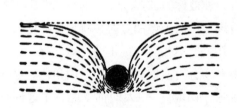

图5-10　漂浮在水面上的缝衣针

动作熟练后,真正见证奇迹的时刻来临了。此时不再需要纸的帮忙。你可以捏着缝衣针的中部,让它尽可能地靠近水面,之后轻轻松手。缝衣针仍旧浮在水面上。

这一实验成功后,你就可以挑战纽扣和硬币了。如果你的技术足够好,它们都不会沉下去的。

这些东西之所以不下沉,其实很容易解释:无论我们怎样讲卫生、爱洗手,都无法完全消除手上的油脂。当我们用手拿起缝衣针或者硬币时,油脂粘到了物体上。粘上了油脂的物体和水面接触，会在水面上形成一个凹层。被挤压的水努力想要恢复原状，无形中给了水上的物体一个托举力。与此同时，水面上的物体还受到浮力的托举，两个力相加等于物体的重力，此时物体就能在水面保持静止了。如果缝衣针上的油足够多，比如你直接在上面涂油，那么即使你将其放在水里时不那么小心，它也不会沉下去的。

10 能盛水的筛子

用筛子来盛水，这不是开玩笑吧？当然不是。只要经过简单的处理，筛子就可以用来盛水了。前提是，你得找到一个金属做的筛子和融化的石蜡。

如图5-11，我们假设筛子的直径为15厘米，筛孔的直径为1毫米。把筛子放入石蜡中浸泡后再拿出来，此时将筛子拿去盛水，只要动作够轻够稳，水就绝对不会漏出来。

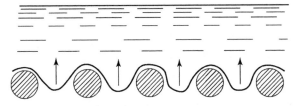

图5-11　筛孔里凹下去的膜阻止水通过

为什么会这样？仔细观察浸过石蜡的筛子后，你会发现，一部分石蜡附着在了筛孔上。石蜡当然不足以堵住筛孔，但是用泡了石蜡的筛子盛水时，筛孔里会形成一种向下凹陷的薄膜。正是这层薄膜阻止了水通过筛孔。基于同样的道理，如果把这个筛子放到水面上，它也不会下沉。

这一原理在日常生活中有着广泛的应用。比如在木桶和船只表面涂上树脂，或者在塞子、管套等物体表面涂上油，以及将橡胶附着在纺织品上，其实都是为了防水。

11 泡沫的应用

缝衣针和硬币都可以浮在水面上，这是我们已经通过实验验证的。如果能通过这种方法让矿石中有价值的成分浮在水面上，岂不是会给采矿冶金工业带来很大的便利？实际上，基于这种原理的方法已经在该领域得到了应用，人们称之为"浮选法"。在采集有价值的成分方面，这是最好的方法之一。

这种方法的操作并不困难。如图 5-12，将已经经过初步挑选且粉碎的矿石放入水槽中，同时放入的还应该有一种特殊的油。这种油能在需要的颗粒表面形成水无法浸湿的包膜。搅动混合物，同时往水槽里注入空气，让空气和混合物充分混合。搅拌的过程中，混合物中会出现很多小气泡。气泡连接的是被油脂包围的矿物颗粒。与那些没有被油脂包裹的矿石颗粒不同，这些矿石颗粒会

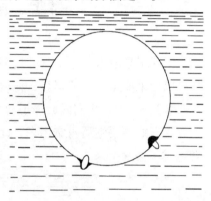

图 5-12 用"浮选法"挑选矿石

随着气泡一起上升。如此搅拌多次后，有用的矿物颗粒基本都"浮"了起来，此时就可以收集了。只不过，此时收集到的物质中还含有杂质，需要进一步提纯处理。

这种方法的发现得益于人们对生活的细致观察。发明者凯里·艾弗森是一位美国教师，生活在 19 世纪末。一次她清洗被黄铜矿弄脏的衣服口袋时，发现黄铜矿的一些碎末随着肥皂沫一起浮到了水面。后来人们经过分析研究，发明了用于采矿冶金工业的"浮选法"。

与原来的矿石相比，经过"浮选法"挑出的矿石，有用物质的含量是原来的 10 倍。应用此法，采矿冶金业的产量大大提高。如今，只要找到合适的试剂，任何矿石都可以用此法进行分离处理。

12 肥皂泡

你会吹肥皂泡吗？你知道如何吹出又大又好看的肥皂泡吗？

生活中，很多人都有吹肥皂泡的经验，但却很少有人深入思考和观察过肥皂泡。比如我们平时只注意到了肥皂泡绚烂的颜色，却没有想过这颜色的用处。实际上，物理学家可以利用肥皂泡来测光波的长度，还可以研究薄膜的张力以及内聚力。内聚力是一种让物质凝聚的力，如果这个力不存在，世界上除了尘埃将再无其他。

现在回过头来说开头提到的问题。如果想吹出又大又漂亮的肥皂泡是需要一定技巧和练习的。甚至，吹肥皂泡还能成为一门艺术。不相信？英国物理学家专门写了一本名为《肥皂泡》的书，书中介绍了很多和肥皂泡相关的实验，本文节选几种方法，供大家练习。

在吹肥皂泡之前，我们必须先准备肥皂溶液和用来吹肥皂泡的吸管或者麦秆。平时大多数人都用普通的肥皂来配置溶液，这并不是不可以，但如果想吹出更完美的肥皂泡，根据书中的建议，最好用橄榄油肥皂或杏仁油肥皂。

关于溶液，最合适的其实是雪水或者雨水。不过这两种水不太方便收集，可以用冷却的白开水代替。接下来想必大家都猜到了，将肥皂溶解在水中。如果想让泡沫保持得更久一些，可以在溶液中加入适当比例的甘油。最后，去掉浮沫，溶液就配置好了。

下面是吹肥皂泡的步骤了。在将吸管插入溶液中之前，千万别忘了在吸管的末端抹上肥皂。如果用麦秆吹，最好将末端劈成十字形状。之后，将吸管竖直插入溶液中，然后就可以吹了。

讲到这里，也许你还很好奇肥皂泡为什么会向上飘。这是因为我们吹肥皂泡时使用的是肺部的空气，而肺部的空气温度高于外部的空气，同时也比外部的空气轻，所以肥皂泡就飘起来了。

我们能吹出的肥皂泡最大能到什么程度？答案是：直径10厘米。当然，

前提是你的肥皂溶液配置得足够好。如果吹出的肥皂泡直径达不到10厘米，你可以再增加些肥皂。

接下来，用手指蘸些肥皂液，再插进肥皂泡中，如果肥皂泡没有破，就可以找一个光线充足的房间，进行下面几个更好玩的实验了。

实验一：用肥皂泡将花朵包裹。

在盘子里倒入厚度为 2～3 毫米的肥皂液。把准备好的花朵放在盘子的正中间，然后用玻璃漏斗将花朵扣住。慢慢拿起漏斗，同时用吸管向漏斗里吹气，盘子上会出现一个大肥皂泡。接下来，神奇的时刻来临了：按照图 5-13 中所示的样子倾斜漏斗，这时你会发现肥皂泡将花整个包起来了！在五颜六色的肥皂泡中，一朵花恣意绽放，多么赏心悦目。

在这个实验中，还可以用人体雕像代替花朵。为了让实验更有趣，你可以事先在雕像的头顶滴一两滴肥皂液，然后就可以在被包裹起来的雕像头上吹出一个小肥皂泡。如果你的动作够轻，外面的大肥皂泡不会受到丝毫损坏。

实验二：在肥皂泡里吹泡泡。

这个实验要以实验一中的前半部分为基础。用漏斗吹出大肥皂泡后，用一根蘸上了肥皂水的吸管伸入到肥皂泡内部，在距离肥皂泡壁不远处轻轻吹一个小肥皂泡。这时大肥皂泡里套着一个小肥皂泡。将吸管的位置再靠近大肥皂泡的外壁继续吹一个更小的泡泡……用这种方法，就可以吹出层层相套的肥皂泡了。

图 5-13　有趣的肥皂泡实验

图5-14　圆柱体肥皂泡

实验三：让肥皂泡变成圆柱体。

做这个实验，你需要两个直径大小相等的金属环。吹出一个直径大于金属环直径的肥皂泡，把这个肥皂泡放在其中一个金属环上。将另一个金属环放到肥皂溶液中浸泡，之后将这个金属环套在肥皂泡上。朝着相反的方向拉两个金属环，直到肥皂泡变成圆柱体，如图5-14。如果不慎用力过大将肥皂泡拉断也没关系，因为你会发现另一种神奇的现象：肥皂泡并没有破碎，而是变成了两个较小的肥皂泡。

除了上述实验外，书中还介绍了一个实验，可以用来证明肥皂泡具有向外的张力。这个实验很简单，如图5-15，将一个肥皂泡附着在漏斗上，将漏斗的另一端靠近火焰，你会发现火焰明显地晃动起来了，像被风吹得偏向了另一方，如图5-15。

肥皂泡的有趣之处还在于，它的体积会随着内部空气的收缩或者膨胀而变化。所以，当把肥皂泡从暖和的房间移动到寒冷的空间，因为内部空气遇冷收缩，肥皂泡的体积会变小；反之，肥皂泡的体积会变大。一个在零下15℃的空间里只有1 000毫升的肥皂泡，在零上15℃的空间中体积会增加到1 110毫升。

需要指出的是，人们普遍对肥皂泡存在根深蒂固的误解，认为肥皂泡如昙花一般美丽却"短命"。实际上，如果肥皂泡得到适当的"照顾"，其寿命可达十几天之久。英国物理学家杜瓦曾经将肥皂泡的寿命延长到一个多月。他所采用的办法是将肥皂泡放入特制的大瓶子中。这还不是肥皂泡"存活"的最高纪录。在美国人劳伦斯的精心"照料"下，肥皂泡竟然几年不破。

图5-15　证明肥皂泡表面张力的实验

13 最薄最细的物体

"像头发丝一样细""像纸一样薄",这是人们形容东西很细或者很薄时常用的词。其实,生活中有远比头发丝或者纸张更细更薄的物体,那就是肥皂泡的膜。

如果你不相信,我们可以先把头发丝放到 200 倍的显微镜下观察,此时你能看到头发的轮廓,但如果将肥皂膜的剖面置于同样的显微镜下,你的视野里将空无一物。当把肥皂膜的剖面扩大到 200 × 200 倍时,你才能看到细线般的肥皂膜剖面。而在同样的显微镜下,头发的直径将会超过两米。如图 5-16,将头发、针孔、蛛丝、杆菌放大 200 倍时,再将杆菌和肥皂膜在放大 40 000 倍的情况下进行对比,你就能很明显地发现它们之间的差距。

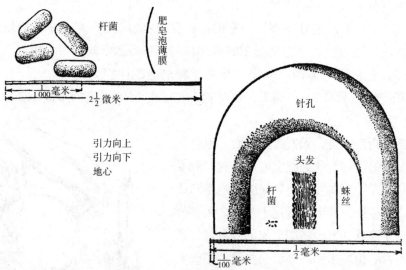

图 5-16 物体被放大时的对比图

通过上图的对比和计算,很容易就能知道,肥皂膜的厚度只有头发丝或纸的五千分之一。

14 不沾水也能从水中取物

一个盛有水的平底盘中有一枚硬币，水的高度正好淹没硬币。你能在手指不沾水的情况下将硬币取出吗？

这并不难做到，只要你能找到一只玻璃杯和一张点燃的纸。将点燃的纸扔进杯中，然后迅速将杯子扣在硬币外的区域中。等火熄灭后，你会发现平底盘中的水都进入了杯中，硬币却丝毫不受影响。此时，你就可以轻而易举地拿起硬币了。

是什么力量促使水流向杯子里呢？原来，纸张燃烧产生的热量使杯中的气压升高，一部分空气因此被排出了杯子；火熄灭后，随着空气冷却，气压变低。于是，杯外的空气将和杯口紧密相连的水挤压进杯中，于是发生了实验中的那一幕。在这一实验中，燃烧的纸张也可以用插入软木塞的火柴代替，如图5-17。当然，如果能找到蘸了酒精的棉花，效果会更明显。

图5-17　点燃的火柴将水赶入杯中

对于上面的实验，有人说水之所以流向杯子里，是因为纸张燃烧时消耗了杯中的氧气，由此导致杯中气体数量减少。这种说法并不正确。我们在试验中不使用燃烧的纸张，而只是把杯子在开水中浸泡一下，也可以得到相同的实验结果。这说明导致水被吸进去的是杯子的温度变化，而不是燃烧。此外，还有

一个事实可以证明上述说法的错误性：纸张燃烧时虽然消耗了氧气，却产生了二氧化碳和水，这两种气体占据的空间并不比被消耗掉的氧气少。

15 喝水的学问

人每天都要喝水，而且不只喝一次，但很少有人去思考喝水这一过程中所包含的物理学问题，比如水是怎样流进嘴里的。

喝水时，人的胸腔扩大，肺部扩张，口腔内的空气因而变得稀薄。此时口腔内的压力小于外部空气的压力，水就这样喝进了嘴里。所以，喝水时不仅要用到嘴巴，还要有肺的参与。

人体的这种构造和液体的连通器类似。液体连通器两端的压力大小不同时液体才能够流动。基于同样的原理，我们喝水时不能将矿泉水瓶口全部含在嘴里，否则口中的气压和外面的空气气压相等，不管我们如何努力，都不可能把水吸进嘴里。

16 改良漏斗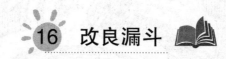

漏斗是日常生活中常用的工具。当我们需要向瓶口比较小的容器中倒入液体或者颗粒时，经常要借助漏斗。仔细观察会发现，漏斗的外壁有几道纵向凸起，形状类似于瓦楞。其实，最早的漏斗的外壁很光滑。只不过人们在使用这种漏斗倒物体时，必须不时将漏斗提起来，使漏斗和瓶口之间出现空隙，否则物体就会被堵在漏斗里。之所以需要这么做，是因为当漏斗的外壁和瓶口结合过于紧密时，瓶内的空气排不出去，压强增大，阻碍物体最终流下去。

提起漏斗虽然能解决这一问题，但很麻烦。人们依据物理学原理对漏斗进行了改良，于是就有了我们如今常见的瓦楞形漏斗。这种漏斗的外壁和瓶口之间有空隙，即使不提起漏斗，空气也能从空隙中顺利排出。

17　1吨木头真的比1吨铁重

　　1吨木头和1吨铁，哪个更重？当被问到这个问题时，回答一吨铁更重的人，总是会招来别人的笑声；然而如果有人回答一吨木头更重，人们会笑得更大声。但实际上，在某种意义上说，这个答案是正确的，1吨木头确实比1吨铁重。

　　阿基米德原理是物理学上的重要定律，它并不仅仅对液体适用，对气体也适用。根据这一定律，物体在空气中会失去一部分重量，这部分重量与它排开的同体积空气的重量相等。

　　也就是说，如果不考虑空气的浮力，1吨铁的实际重量应该是1吨加上这1吨铁所排开的空气的重量，同样，1吨木头的重量为1吨加上这1吨木头所排开的空气重量。那么，两者排开的空气质量是否相同？

　　1吨木头的体积大约为2立方米，而1吨铁的体积只有1/8立方米左右。通过计算可以知道，1吨木头在空气中减轻的重量比1吨铁减轻的重量重约2.5千克。

　　此时，再遇到有人问开头所提到的那个问题，你就可以毫不犹豫地说：1吨木头的真正重量，比1吨铁重。

18　失重的人

　　像鸟儿一样在高空飞翔，这是很多人都曾经有过的梦想。于是，人们希望

自己变得轻一点、再轻一点，最好轻如鸿毛，以摆脱地球引力，自由翱翔。

人们之所以这样想，是因为他们从来没有意识到重力给生活带来的便利，也就是说，他们不知道失重状态下的生活会有多糟糕。如果变得比空气还轻，人类的确会摆脱地球重力，然后一直向上飘。只不过，失去重力的人并不能随心所欲地翱翔，而是被气流推着被迫飞行。

作家威尔斯在其科幻作品中，曾经塑造了一个被失重搅乱了生活的人物形象。这个人的肥胖程度已经影响到他的生活，所以对变轻的渴望比一般人更迫切。当他知道主人公有一种可以让人失去重量的神奇药物后，就迫不及待地讨来服下。几天后，主人公去看望自己的这位胖朋友，被看到的一切惊呆了。下面是小说中的原文：

我敲门敲了好久，也没人来开。就在我要离开的时候，我听到了钥匙转动的声音，并且听到朋友说："请进。"

我轻轻一推，门开了。然而我并没有看到我的朋友。我到处搜寻也没有找到他，只是觉得房间比平时凌乱：书房里的书被扔得到处都是，碗碟被扔在了地上，椅子也倒了。我正纳闷，忽然听到头顶有异动，一抬头，发现我的朋友竟然站在角落里的天花板上。如图 5-18。

"小心点，我的朋友。如果摔下来，可不是闹着玩儿的。"我说。

"那正是我求之不得的事情。"朋友说。

"您都这把岁数了，怎么能做这么危险的动作？不过，我倒是很好奇，您是怎么站住的呢？"我又担心又惊讶，忍不住问。

图 5-18　飘浮在天花板上的胖子

然而，我立刻就发现，他似乎真的不想头朝下站在天花板上。他的手不断地向下抓，好像想借助别的力量离开天花板。谢天谢地，他抓住了一个挂在墙上的画框，可那东西根本承受不住他的拉力，非但没把他拉下来，还被他拉走了。他这样挣扎了好一阵子，可依旧只能飘在天花板上。

"你的药简直太有效了。我现在几乎没有重量了。"朋友气喘吁吁地说，仍旧不放弃回到地面的努力。

我终于明白了是怎么一回事。我对他说："我的朋友，你需要的是减肥而不是吃药。"我努力把他拉了下来，可他就像灌满了氢气的气球，怎么都稳定不下来，随时都可能再飘走。

"那张桌子似乎够重，请您把我塞到桌子底下。"朋友似乎已经用尽了所有的力气。

我照他说的做了，将这个可怜人塞到了桌子下面。他身体虽然没有再飘起来，但依旧晃来晃去，毫无稳定感。

我半开玩笑半认真地提醒他说："从今以后，您可不能走出屋子了，否则，如果您飞到天上去了怎么办？那我就再也见不到您了。此外，您还得想办法适应现在这种生活。"

朋友满面愁容地说："您还有心思开玩笑？我甚至都没法吃饭和睡觉了。"

我四下张望。我把他的床垫和褥子都绑在了床上，之后把被子的四个角系在了床边上，好让他睡觉的时候可以固定自己。

用餐的问题，我费了好大劲儿才想到一个办法。我把食物放到了书柜的顶端，这样他就可以飘在空中从容就餐了。

不过，我最好能帮他正常行走。最后，我想到了一个绝妙的主意，那就是给他的衣服、鞋子等衣物都加上铅，让他变重。如果再准备一个用铅做成的旅行箱，他应该就能四处行走了。

以上是小说中描写的情节。人摆脱重力后，真的会像小说中的胖子那样漂浮起来吗？物理学家托里切利曾说，"人类生活在空气海洋的底部"。这句话似乎呼应着小说中的情节，意思是人一旦摆脱重力，就会像在大海深处的物体

一样上升。托里切利的话没错，但小说中的情节却也不会发生：只要那个胖子所穿戴和携带衣物的重量大于他排开的空气的重量，他就会落下来。这点并不难做到。

人所排开的空气重量有多大？人体密度和水的密度很接近，所以人的体重和相同体积的水的重量大致相同。假设人的体重为60千克，这也是同体积水的重量。空气的密度是水的密度的1/770，所以人所排开的空气的质量应该是两者的乘积，即80克左右。

60千克只是一般人的平均体重。胖子的体重要大于这个数值，在此设定为100千克。即使如此，他排开的空气重量也不过130克。他穿戴的衣物重量应该大于130克。所以，即使胖子真的因为服药而失去了重量，只要他还穿着衣服，就不会飘浮起来。

19 "永动"机械表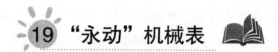

在前面的章节中，永动机被一再提及。相信现在读者已经确定，这种不需要任何能量就能永远运动的装置是不可能存在的。然而，现实生活中确实有不需要人们做任何事情就能一直运行的装置，这种装置被称为"全自动装置"。与所谓的"永动机"不同的是，它需要能量，只不过这种能量来自于外部环境。

在谈到这种装置之前，需要先讨论生活中常见的气压计。因为这种"全自动装置"的发明者就是受到了气压计的启发。常见的气压计不外乎水银气压计和金属气压计，两者指针的变化都是由外部气压的变化而导致的。

18世纪的一位发明家正是利用这一原理制作出了不需要外力就可以走动的机械钟表。对此，英国力学家、天文学家弗格森给予了很高的评价。他说："这个机械表仅靠着气压计水银柱提供的动力就可以不停地工作，这是我迄今为止所见过的最精巧的机械，无论是创意还是工艺。我相信，就算我们此刻把水银柱拿走也无法阻止它的运动，因为储存的能量能支持它工作一年。这简直太完美了。"

可惜，现代人已经无缘看见那只神奇的机械钟表了。因为保护不善，这只机械钟表已经下落不明，我们只能根据保留下来的设计图加以还原。

如图 5-19 所示，机械表内的装置主要是一个玻璃壶和一个倒放着的烧瓶，提供最初动力的水银就被装在这两个容器中。此外，装置中还有难以被发现的杠杆结构。当外界气压变大时，杠杆会使烧瓶向下移动，使玻璃壶向上移动；气压变小时，烧瓶向上移动，玻璃壶则向下。烧瓶和玻璃壶的移动会带动齿轮运动。此时机械表就可以正常工作了。

此时有人会问，如果气压没有变化，齿轮岂不是就不动了吗？的确如此。这个机械表设计的巧妙之处就在于此：当齿轮静止的时候，机械内的一个重锤会砸下来，迫使齿轮开始运动。当气压发生变化后，重锤会被重新提上去。

这里存在一个问题，那就是重锤随气压变化具有很强的不稳定性。发明家巧妙地设计出了一种能够让重锤进行规律性运动的装置，完美地解决了令现代人都束手无策的问题。难怪弗格森会给予这一发明如此高的评价。

这一发明和人们一直热衷的"永动机"最大的区别在于，它的动力是实实在在存在的，而不像"永动机"的制造者那样无中生有。这一发明并不违背物理学的基本原理，因而能够被制造出来。只不过与制造时的高昂造价相比，得到的能量并不算多。

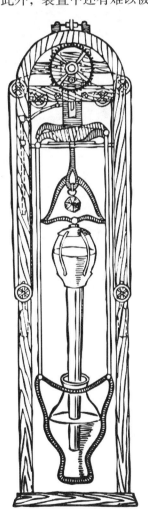

图 5-19 "全自动"机械钟表设计图

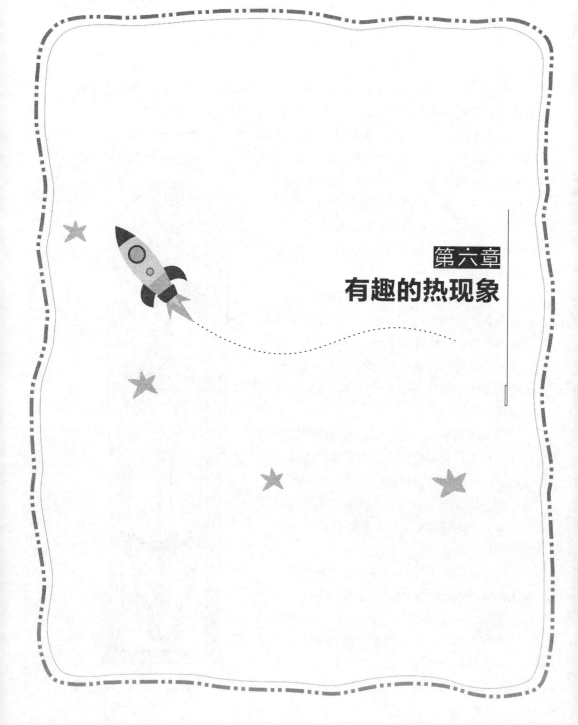

第六章

有趣的热现象

1 铁路夏天比冬天长多少

铁路在夏天时比冬天长，相信很多人都知道这一点，而且知道这是因为铁轨的热胀冷缩导致的。但是，你知道同一段铁路在冬天和夏天的长度相差多少吗？

以从莫斯科到圣彼得堡的十月铁路为例。对于这条铁路比较准确的表述应该是：铁路平均长度是 640 千米，夏天比冬天长 300 多米。

这一数值是怎么得来的呢？我们通常所说的铁路长度，实际上是钢轨的长度。钢轨具有热胀冷缩的特性，温度每升高 1℃，钢轨延长的长度大概是它自身长度的 1/100 000。这个数值看似不起眼，可如果冬夏温差很大，其差距就不容忽视了。夏天钢轨的温度可达 30～40℃，而冬天气温可能在零下 25℃ 左右。我们即使取最小温度差 55℃，十月铁路的钢轨在夏天和冬天的长度差也高达 300 多米。

之所以强调发生变化的是钢轨的长度，是因为铁路的总长度并没有发生变化。这是怎么回事呢？原来，铁路的钢轨相互连接并不紧密，彼此之间留有空隙。这是考虑到钢轨热胀冷缩的性质而特别设计的。所以，对于十月铁路长度最准确的表述应该是：铁路的长度是 640 千米，铁路的钢轨夏天比冬天长 300 多米。

那么，钢轨之间留多长的空隙合适？这时必须考虑最大温度差。以 8 米长的钢轨为例，假设其温度变化范围为 0～65℃，那么就要留出 6 毫米的距离，这样才能保证钢轨伸展至最大长度时也不会和另一根钢轨发生挤压，而是实现无缝对接。

然而，电车钢轨和火车钢轨不同，因为技术限制而没办法留空隙。虽然电车的钢轨被埋在地下，受温度变化影响较小，但天气特别热的时候，还是有因为受热膨胀而弯曲的可能性。

2 寒冬偷走了电话线

盗窃是要受到惩罚的，但是莫斯科和圣彼得堡之间一个每年都盗窃几百米电话线的"惯犯"，却一直逍遥法外。人们并非不知道小偷是谁，而是根本没法逮捕他。相信经过了上一节中对于热胀冷缩的讲述，聪明的读者一定猜到了，这"小偷"就是寒冷的冬天。

电话线之所以能传导信号，是因为其中有铜芯。铜和钢一样具有热胀冷缩的特性，而且对温度的敏感度比钢更高。铜因为热胀冷缩而发生变化的程度，是钢的1.5倍。所以每到冬天，电话线就会因为遇冷收缩而缩短。夏天一到，被"偷走"的电话线又会被还回来。

电话线和钢轨不同，设计时不能留有空隙，否则就会影响通信。幸运的是，铜的热胀冷缩并不会拉断电话线进而影响到通信功能，所以设计时不用考虑其热胀冷缩的性质。但是，如果设计钢轨或者桥梁时忽略了这一点，就可能酿成大祸。比如法国巴黎的塞纳河大桥，因为当初设计时没有考虑到热胀冷缩，以至于没能抵御住1927年12月那场罕见的严寒：大桥的铁架遇冷收缩，砖砌的桥面发生了凸起和断裂，一时无法通行。

3 埃菲尔铁塔什么时候最高

金属具有热胀冷缩的性质。了解到这一点后，再被问及"埃菲尔铁塔有多高"这一问题时，你可能就不会简单地回答"300米"，而是会反问一句："你问的是冬天的高度还是夏天的高度？"

铁会热胀冷缩，所以埃菲尔铁塔夏天的高度肯定要高于冬天的高度。温度每升高1℃，100米长的铁杆长度会增长1毫米。埃菲尔铁塔在常温下的测量高度是 300 米，所以温度每升高 1℃，它会增长 3 毫米。夏天时，埃菲尔铁塔在巴黎烈日的照射下，最高温度可达 40℃，冬天其温度会降低到 0℃ 左右。也就是说，埃菲尔铁塔的最大温度差是 40℃，所以它的高度变化范围个会超过 12 厘米。

由于铁对温度的变化异常敏感，所以人们测量其高度时所采用的是一种镍钢合金。这种合金的形状不会随温度不同而发生变化，所以又被称为"因瓦合金"。在拉丁文中，"因瓦"是不变的意思。

如果你想享受攀爬的乐趣，那不妨在炎热的夏天去参观埃菲尔铁塔。虽然此时它的高度比平时高，但高出的那部分却不用付钱。

 # 4 让玻璃不再易碎

向玻璃杯里倒热水时杯子突然炸裂，这是很多人都曾经遇到过的状况。为什么会这样？

实际上，这是因为往玻璃杯里倒热水时，玻璃杯的内壁先接触到了热水，受热后迅速膨胀，而此时热量还没有被传递到外壁，所以外壁仍旧保持原状。膨胀的内壁向外挤压外壁，玻璃杯就被"挤"裂了。所以，准确说来，玻璃杯之所以炸裂，是因为受热不均。

玻璃杯在遇冷收缩不均时也会炸裂，比如将温度很高的玻璃杯骤然拿到低温环境下。此时，玻璃的外壁遇冷迅速收缩，而内壁还保持原来的状态，外壁就会"压"破内壁。所以，一定不要将盛着滚烫食物的玻璃器皿放到冰箱或者冷水里。

我们选购玻璃杯时，要尽量选择那些更容易均匀受热的杯子，杯壁薄的玻璃杯显然更合适。这是因为这类玻璃杯的热传递速度比较快，杯壁内外能在尽可能短的时间内同时膨胀或收缩，也就不会炸裂了。不少人认为厚玻璃杯比薄玻璃杯更"耐热"，这其实是一种误区。

另外，向玻璃杯内倒热水时，最先接触到热水的是玻璃杯底部，所以购买时要尽量选择底部薄的玻璃器皿。生活经验丰富的人知道，厚底的玻璃杯往往更容易炸裂。

为了让玻璃杯的使用寿命更长，还可以在杯里放一把银制的勺。金属的导热性比玻璃好，银制品的导热性又优于其他大部分金属（不信的话你可以做一个实验：将银勺子和其他金属制成的勺子一起放进开水里，银勺子肯定是最烫手的）。所以，在放有银匙的玻璃杯里倒热水时，热量会迅速被传递到银匙上，水温降低后，玻璃杯就不那么容易炸裂了。此时，即使再倒入更多的开水，杯子也不容易炸裂，因为整个杯子已经变热了。

正是因为以上原因，化学实验中所使用的器皿通常都是用很薄的玻璃制成的。这种玻璃，即使被放到酒精灯上烧也不会破裂。不过，比起实验用薄玻璃，石英是更完美的器皿材料。石英导热特别快，膨胀系数却只有玻璃的1/15到1/20。所以，即使往很厚的石英器皿里倒开水，它也不会炸裂；甚至把已经被烧红的石英器皿扔到冷水里，它也不会炸裂。只是，与玻璃相比，石英的造价比较高，所以玻璃在日常生活中有着更广泛的应用。

了解了玻璃的性质后，人们应用时就可以想办法防止其因为受热不均而炸裂。比如蒸汽锅炉中的水位计。为了便于观察，水位计的材料最好使用透明的玻璃，但玻璃却存在着不小的隐患——水位计的内壁与高温的蒸汽和沸水相接触，膨胀速度比外壁快很多，因而容易破裂。为了避免这种情况，人们用膨胀系数不同的玻璃来做水位计的内壁和外壁，其中内壁所用玻璃的膨胀系数相对较小。

 5 洗澡后为什么穿不上靴子

"夏天昼长夜短，冬天昼短夜长，为什么会这样呢？冬天白天短，是因为所有的东西都遇冷收缩了，至于夜晚长，是因为万家灯火带来的温暖让晚上受热膨胀了吧？"

这是契科大小说《顿河的退休士兵》中的一个角色对昼夜长短变化而发出的感慨。不少人可能会因为这段毫无科学根据的话而哈哈大笑，但实际上人类犯了很多类似的错误而不自知，比如"洗澡后脚膨胀变大了"的说法。

洗澡后，有时穿靴子会变得很困难，这是很多人有过的体验。对此，人们的理解是因为脚遇热膨胀了。实际情况并非如此。人的肌体有自我调节的机能，能在外界气温变化时尽量保持体温，所以人洗澡时体温变化很小。退一步说，人体肌肉和骨骼的膨胀系数都很小，所以即使人的体温上升了 $1 \sim 2℃$，体积增大的幅度也非常小，至于脚的变化就更小了：人的脚掌最多增加1%厘米，和一根头发的粗细差不多。而且人的靴子精密度不可能是百分之百，所以对于这样微小的变化，根本不可能感受到。

那么，是什么原因导致洗澡后穿靴难呢？洗澡后，皮肤的光滑度和湿润程度等都发生了变化，而且有时候高水温会刺激血液循环加速，脚会因此充血肿胀，这些原因都会导致脚变大。可见，并不是所有的现象都可以用热胀冷缩来解释。

 6 祭司们的把戏

对物理学知识的合理利用给生活带来了很多便利，然而另外一些时候，心怀不轨者却利用这些知识来骗人。当年埃及的祭司就曾经这么做过，他们的那些骗人伎俩被古希腊力学家海伦记录下来了。其中一种招数是建造可以自动开启的庙门。这一招数成功的关键，在于图6-2中的祭坛。

图6-2 祭司设计的可以自动开启庙门的装置

　　这个祭坛在庙门的外面，是由空心的金属制成的。祭坛下面有一个地下室，能够开启庙门的开关就隐藏在地下室中。此外，地下室中有一个正对着祭坛的瓶子，瓶子里盛着水。人们拜祭神灵时要点燃祭坛上的火把，祭坛下的空气受热膨胀，增加了对瓶子里水的压力，促使水顺着管子流到旁边的桶里。水桶因为重量增加而下沉，开关启动，庙门就打开了。如图6-3。

图6-3 庙宇大门开启装置几何示意图

以上所有这一切，庙门外的群众是不知道的。他们只知道随着祭坛上的火把被点燃后，大门就自动打开了。那一刻他们真的相信神灵显灵了。

埃及祭司用来骗人的另一套招数，是想办法让油自动流到火上，如图6-4。使用这个招数时，需要在祭坛下放置储油桶，而且用一根管子将储油桶和祭司像连接起来。当祭坛上的火被点燃时，膨胀的空气会使油从储油桶中顺着管子流入祭司像中。管子的末端在祭司像的手指上，所以一眼望去，油是从祭司的手指上自动流到火上的。燃烧得越来越旺的火苗会让祈祷者感受到"神灵"的伟大力量。不过，一旦祭司觉得祈祷者的供奉太少，他就会让火苗变弱。对于他来说，只要拔掉储油桶盖子上的塞子就可以做到。供奉者不敢得罪神灵，只好捐出更多的钱。

图6-4　让油自动流到火上

 7　以温度变化为动力的时钟

前面的章节中介绍过一种利用气压变化获取动力的时钟，本节中将介绍另外一种不需要人为提供动力的时钟。只不过，它利用的不再是气压的变化，而是温度的变化。如图6-5。

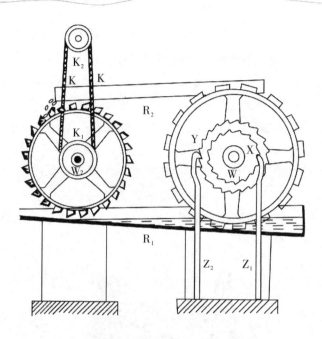

图6-5　利用温度变化运行的时钟

　　图中时钟的核心部件是 Z_1 和 Z_2 是两根传动杆。用于制作传动杆的金属膨胀系数很大，对温度变化很敏感。传动杆 Z_1 和齿轮 X 相连，传动杆 Z_2 和齿轮 Y 相连。一旦两根传动杆受热，它们的长度就会发生变化，此时传动杆 Z_1 带动齿轮 X 转动，传动杆 Z_2 带动齿轮 Y 转动。齿轮 X 和齿轮 Y 被固定在同一根转动轴 W_1 上，两个齿轮的转动会带动和 W_1 轴相连的大轮子转动。轮子外侧装有勺斗，当轮子转动时，勺斗能够舀取长槽里的水银。随着轮子的转动，水银通过 R_2 流向左边的 K_1 轮。K_1 轮在水银的重力作用下也开始转动，之后通过链条 KK 带动用于上发条的装置 K_2 运动，时钟的发条就被拧紧了。

　　和前面章节中介绍过的利用气压的时钟一样，上述动作只有重复下去，时钟才能不停地工作。这一设计的奇妙之处也在于此：流入 K_1 轮的水银随着轮子的运动最终又顺着 R_1 槽流回了右边轮子下的长槽里。

　　上述动作能周而复始进行的关键之一，是传动杆 Z_1 和 Z_2 的长度变化，而其长度的变化取决于周围温度的变化。理论上，在时钟内部的构件不损坏的情况下，时钟会一直工作下去。然而这样的机械却不能被称为"永动机"，因为它并非不需要能量。它的能量来源于周围的空气，空气通过传动杆 Z_1 和 Z_2 热胀冷缩的性质作用于时钟。

能自动获取动力的时钟不只上述这一种。如图 6-6 和图 6-7 所示，这个时钟也是利用物体热胀冷缩的性质来获取动力的。在这个时钟中，起关键作用的物质是甘油。甘油通过时钟底座的甘油管作用于时钟，当甘油受热膨胀后，会将重锤提起。重锤下落则会带动钟表运行。甘油的凝固点为零下30℃，而沸点达290℃，足以应付正常的温度变化而不发生凝固或沸腾；而且只要温度变化范围超过2℃，甘油的密度就会有明显变化，所以利用甘油这一性质制作而成的时钟，常被用在广场和其他开阔地带。

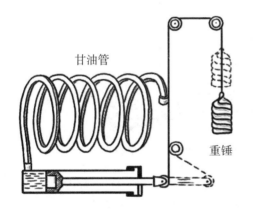
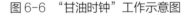
甘油管
重锤

图6-6 "甘油时钟"工作示意图　　　　图6-7　时钟底部的甘油管

表面看来，这样不需要人为提供动力的时钟经济划算，可实际情况却恰恰相反。根据计算，普通的时钟走24小时大约需要1/7千克力米的功（千克力米为热量单位，1焦耳=0.102 04千克力米），也就说，它每秒需要做功1/604 800千克力米。1马力等于75千克力米每秒，那么，时钟的功率为1/45 360 000马力。然而，制造一个这样的时钟的成本远远超过制造普通时钟的成本，因此，这种时钟并不经济。

8 烟的方向

不吸烟的人看别人吸烟时，只看到烟从点燃的那头冒出来，但吸烟的人却知道被含在嘴里的那一头也在冒烟。只不过，即使是吸烟的人，大概也没有注意过烟的方向。如图6-8，将一支点燃的香烟放在烟盒上，可以看到从过滤嘴一边冒出的烟向下沉，而从另一端冒出的烟向上飘。

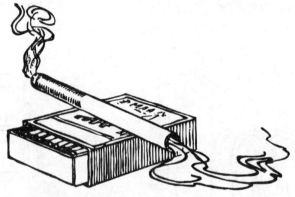

图6-8　点燃的香烟两端烟雾向相反方向扩散

之所以会这样，是因为点燃的那一端空气遇热形成了上升气流，所以带动烟和香烟的微粒向上运动。同样的道理，从过滤嘴一端冒出的烟和空气是冷却了的，而且香烟的微粒比空气沉，所以这一端的烟会向下沉。

9 冰在沸水中为什么不融化

冰随着温度的升高会融化，但放在沸水中却不会融化。不相信？你可以通过下面的实验来验证：

取一个装满水的试管，将一小块冰放入其中。冰比水轻，此时冰肯定会浮在水面。用铅弹或者铜块等物品把冰压到试管底部，让它沉在水下。再将试管的上端放到酒精灯上加热。仔细观察你会发现，即使水沸腾了，冰块还会保持原来的样子。这究竟是为什么？

　　其实，这种现象一点也不奇怪。水受热后因为膨胀变轻而向上流动，试验中加热的只是试管的上部，沸水无法流动到试管的底部。而且，水的导热性很差，这就使得试管底部的水无法靠导热作用被加热。所以，试管底部的水非但没有沸腾，甚至还很凉，自然无法使冰融化。也正是因为以上原因，人们烧水时要将加热部件置于容器的底部。

10　冰的正确使用方法

　　通过上一节我们可以知道，烧水时要把容器放在火焰的上方而不是旁边。因为烧热后的水因膨胀变轻而向上流动，与此同时周围的空气受热后也向上流动。只有让容器的底部和火相接触，才能充分利用火的热量。

　　那么，当用冰冷却物体时，究竟应该把冰放在物体上面还是下面？有人参照烧水时的情况，认为应该把物体放在冰的上面。这种做法是完全错误的。

　　冰块上的空气遇冷会下沉，空出的位置会被周围的暖空气迅速占领。如此一来，物体周围的空气依然是暖的，无法起到降温作用。所以用冰冷却饮料或食物时，一定要将物体放在冰块下面。

　　如果你还是不太明白，那么现在以用冰冷却容器里的水为例，详细地解析这一过程。如果将容器放在冰上面，因为冷空气已经下降，所以只有紧挨着冰的部分变凉了。相反，如果把容器放到冰下面，容器里的水会受到双重冷却：容器上层的水变冷后会下降，与上升中的下层温水相混合，直到降至同一温度；与此同时，冰块周围的冷空气也会下降，之后分散在容器的周围，起到第二重降温作用。

11　关上窗户为什么还有风

　　冬天，家家户户都紧闭窗户，但人们还是常觉得有风，以至于多次检查自己家的窗户是否漏风。为什么会这样？

　　原来，即使在门窗紧闭的情况下，室内的空气也一直在流动。温度的变化像一只无形的手，推着气流到处旅行：空气受热后会上升，遇冷后会下沉，而房间内不同地方的温度并不完全一样。甚至同一个地方，不同时刻的温度也不相同。温度差造成了空气的流动。我们虽然看不见无时无刻不在的气流，却能感受到，于是会觉得有风。这种状况在冬天尤其明显，点燃的炉子会让附近的空气遇热后升到天花板上，当空气靠近窗户后，又会被冷空气影响而重新向下流向地板。

　　为了能更直观地观察空气的这种变化，可以做一个实验。实验所用的工具很简单，只需要一个氢气球^①和一个小物件。把小物件系在气球下方，使气球悬浮在空中而不是飞到天花板上。让气球靠近火炉，你会发现气球先是飞到了天花板上，之后飘向窗户，在窗户附近停留不久又落到地板，最后又飘回火炉附近。气球的运动轨迹，其实就是空气的流动路线。

12　无风却转动的纸风车

　　风车是生活中很常见的一种玩具。下面我们利用卷烟纸做一个简单的风车：先把纸剪成长方形，然后沿着横竖两条对称轴分别对折，展开之后，找到两条线的交点处。将这一点插在一根针尖上，将针的另一头插在桌子上。因为

———————

①氢气易燃易爆，请读者不要效仿。可以使用氦气球代替实验，同样可以达到效果。

这个点是纸片的中心，所以它会在针尖上保持平衡。如果有风吹来，哪怕很小的风，它也会开始转动。

　　神奇的是，在没有风的情况下，如果你将手轻轻地靠近纸风车，会发现纸风车居然开始旋转，而且越转越快。做这个实验时，尤其注意手靠近时一定要轻，不能因为动作幅度过大而引起周围空气的流动。然而，随着你的手离开，旋转会戛然而止。如图6-9所示。

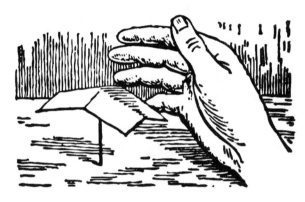

图6-9　手靠近时纸风车就开始转动

　　这一现象曾经被信奉神秘主义的人当作说辞，诡辩人体具有超自然的力量。其实，这种现象的成因一点都不复杂：人体的温度比周围的空气高，所以手靠近纸风车后，周围的空气因为受热而上升，纸风车在上升气流的带动下开始旋转。细心的人应该还能发现，风车总是朝着一个方向旋转，即沿着从手腕到手指的方向。这是因为和手指比起来，手掌的温度更高，所以靠近手掌的手腕处形成的上升气流更强，当然，对纸风车的冲击也就更大。

 13　皮袄并不能温暖人们

　　寒冷的冬天，人们总是被提醒"多加衣服"。然而，你知道吗，即使是厚

厚的皮袄也无法给人们温暖和热量。如果不相信，你可以把一个温度计放入皮袄中包裹起来。过一段时间将温度计取出，你会发现温度计的指数没有发生丝毫变化。

难以置信吧？由于根深蒂固的偏见，很多人即使做过这个实验后也不肯相信这是真的。他可能会问，为什么我穿上皮袄后就不觉得冷了？

事实上，人能从灯、炉子、暖气等物体处得到温暖，却无法从皮袄那里得到任何温暖。这是因为只有热源才能产生热量、带来温暖，灯、炉子、暖气以及所有的温血动物都是热源，而自身不能产生热量的皮袄显然不是热源。人穿上皮袄后不觉得冷，是因为皮袄能阻止人体热量的流失。前面已经说过，温血动物本身就是热源，人体自然也是。人穿上皮袄时，厚厚的皮袄会阻止人体的热量跑到外面，所以感觉更暖和。当用温度计做实验时，温度计不是热源，所以即使被包裹的时间再长，它的读数也不可能升高。

还有另外一个实验能证明皮袄的保温作用。夏天里，找两个装有冰的小瓶子，将第一个瓶子直接放在室外，另一个用皮袄裹起来后放在室外。过一段时间，你会发现第一个瓶子里的冰融化了，而用皮袄包裹的那个瓶子里的冰却还保持原样。

因为粉末状的物体导热性能很差，所以冬日里厚厚的雪具有和皮袄一样的性质，像是铺在大地上的"保温层"。不相信？将两根温度计分别插在雪下的土地上和没有被雪覆盖的地面，前者可能会比后者高 10℃ 甚至更多。

14 地下是什么季节

俄罗斯的圣彼得堡是世界上最寒冷的地方之一，但是埋在地下两三米处的自来水管却没有被冻坏，这让人们产生了这样的疑惑：地下两三米深甚至更深的地方，季节是否跟地面上相同？

答案是否定的。土壤的导热性能很差，所以地下几米深处的温度几乎不受地面温度的影响。这也是圣彼得堡埋在地下的自来水管不会结冰甚至冻裂的原因。

如果说这还仅仅是理论推测的话，科学家在斯卢茨克所做的实验，无可辩驳地证明了地表和地面并不是一个季节。他们选择地下三米处作为实验高度。当地面温度达到最高时，地下三米处要过76天才能达到最高温度；地下三米处最冷的日子，要比地面晚108天。

这一实验还证明，温度的变化会随着深度的加深而越来越小。当达到某一深度后，温度会从此固定不变。巴黎天文台有一个28米深的地窖，里面有一个温度计。据说这支温度计是拉瓦锡放置的，距今已经150多年，但上面的读数从未发生过变化，一直是11.7℃。

以上这些实验已经充分证明，地下所处的季节与地表是不同的。还是以地下三米的地方为例，当地面上的人们在冬日的寒风中瑟瑟发抖时，那里却是秋季；当地面上的人们在酷夏中挥汗如雨时，那里的春天可能刚刚到来。地下与地表的这种差异对一些动植物的生存至关重要，如植物的根系在冬天生长，蝉、金龟子等动物躲在地下对抗自己不喜欢的温度。

15 烧不着的纸锅

"快把那个纸锅拿下来！"如果你看到被架在火上的是一个纸做的锅时，如图6-10所示，一定会这样喊。没错，有人正用牛皮纸做的纸锅煮鸡蛋，但请放心，只要操作得当，纸锅一定不会被点燃。不但如此，纸锅还能被用来烧水，而且不会被烧坏。

图 6-10　用纸锅煮鸡蛋

为什么会这样？因为图中所用的纸锅没有盖子，在这种敞口的容器中，水的温度不可能超过 100℃。在这种情况下，水能继续吸收纸上的热量，使纸锅的温度始终不超过 100℃。众所周知，这个温度并不足以使纸张燃烧[①]。所以纸锅虽然和火接触，但不会被点燃。

生活中的很多现象都与上述实验的原理相同。比如忘记放水的空水壶被烧化了，就是因为没有水帮助吸收热量，水壶底部的焊锡更容易达到熔点。世界上最早的水冷式机枪——马克沁机枪，也正是利用水冷却了枪管，防止其熔化。

上面的实验说明，只要保证纸的温度在燃点以下，它就可以不被点燃。除了水，实验中还可以用锡块来吸收纸上多余的热量。具体做法如下：用扑克牌制作一个纸盒，在纸盒中放入锡块。把纸盒放到火上烧，而且让火苗对准锡块所在的位置。因为锡具有良好的导热作用，所以能很快吸收纸盒上的温度，纸盒就不会被点燃了。

还有另外两个实验能证明金属在吸收热量方面的强大作用。如图 6-11，将纸缠到螺丝钉或者铜棒上后放到火上烧，纸条并不会被点燃；又如图 6-

―――――――――――

①纸张的燃点通常在 130℃ 以上。

12，把棉绳缠绕在钥匙上烧，结果也是如此。不过，要密切注意金属的颜色，一旦金属被烧得赤红而无法继续吸收热量时，就要立即停止。

图6-11　包裹螺丝钉的纸条

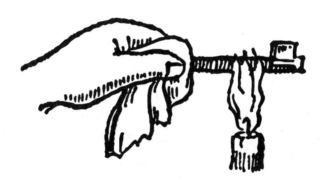

图6-12　缠绕在钥匙上的棉绳

 16 不平的冰面更容易滑倒

　　和没有打过蜡的地板相比，刚打完蜡的地板更光滑也更容易让人滑倒，于是有人会觉得，光滑的冰面也应比凹凸不平的冰面更容易滑倒。实际情况却正好相反，这一点在生活的各种现象中可以得到印证：用雪橇运送货物时，在凹

凸不平的冰面上行走比光滑的冰面上更省力。

为什么会这样？因为冰的滑度与它的熔点有关。当冰面上压强增大的时候，冰的熔点会降低。曾经有人计算出，在冰面上，只要每平方厘米上的压力值达到130千克物体的重力值，冰的熔点就会降低1℃。

基于以上原理，现在可以分析用雪橇运送货物或者溜冰时的情形。人穿着冰鞋溜冰时，人体的重量会集中在冰鞋下的冰刀刃上。这么大的重量压在这么小的物体上，压强肯定很大，至少可以使冰的熔点降低5℃。假设此时冰的温度是零下3℃，冰刀的压强会使这部分冰的熔点降低到零下3℃以下，和冰刀接触的这部分冰就会融化。于是，冰刀和冰之间有了一层水，溜冰的人会觉得更省力。冰刀所到之处，情形都是如此。

在自然界中，冰是唯一具有这种性质的物体，这也是苏联物理学家称冰为"自然界中唯一滑体"的原因。

那么，为什么凹凸不平的冰更适合滑行呢？因为在这种冰面上，物体和冰的接触面并不是整个冰面，而是只有几个凸起的点。前面的章节已经讲过，在同样的压力下，接触面积越小，压强越大。压强的增大又会导致冰的熔点降低。所以在凹凸不平的冰面上冰融化得更快，因而更滑。

前面已经说过，冰的熔点会随着压强的增大而降低。生活中的很多现象都可以用冰的这一特性来解释。比如打雪仗时用手将雪花攒在一起，雪花因为受到挤压熔点降低而融化，松手的时候融化的雪会再次冻起来，于是就形成了雪球；滚雪球时，雪球对雪的压力导致雪的熔点降低，于是越来越多的雪被冻到了一起。冬日雪后人行道上的雪变成冰，也是雪受到挤压后导致的。

17　冰柱的形成

冬日里，不时有人被从屋檐上掉落下的锋利冰柱弄伤。这些在太阳照射下闪光的冰柱，它们到底是怎样形成的？

冰柱的形成需要两个条件：第一，具备让积雪融化的温度，即 0℃ 以上；第二，具备结冰的温度，即 0℃ 以下。在同样的天气里经历两种不同的温度，这听起来有些矛盾，但事实确实如此。容易形成冰柱的屋檐，在太阳的照射下，与其上方的屋顶的温度是不同的。

　　太阳照射大地时，给予地面上不同位置的热量是不同的。热量的多少与太阳光线和被照射面之间的夹角有关。经过计算，太阳照射时的热量值大小与这个夹角的正弦值成正比。下面分析图 6-13 中的情形，如果光线按照图中的角度照射，那么屋顶上的雪得到的热量是地面同体积雪的 2.5 倍，因为 sin60°约为 sin20° 的 2.5 倍。

图 6-13　屋顶上的积雪得到的热量比地面上的积雪更多

　　经过了上述分析，冰柱形成的过程就不难被描绘出来了。请想象这样一幅画面：雪后的天气很晴朗，太阳照射在倾斜的屋顶上，屋顶斜面受热较多，此时屋顶上的温度达到了 0℃ 以上，雪融化了；而屋檐下，因为没有接触到阳光，所以温度也在 0℃ 以下。屋顶上融化的雪水顺着斜坡往下流，在屋檐下遇冷后又凝结成冰，越来越多的冰滴聚集在一起，形成了冰柱。

　　生活中的很多现象都可以用这一原理来解释，比如气候带的形成、四季温

度的变化，都和太阳的照射角度相关。同时，太阳照射时间的长短也对上述现象有影响。

其实，无论冬夏，太阳与地球的距离都是相同的，甚至与赤道和两极的距离也差不多[①]。然而，地球绕太阳公转时形成的轨道面和地轴有一定的角度，这就使得太阳对地球上不同位置的照射角度不同：太阳垂直照射赤道，而照射两极的角度几乎为零，而且夏日里太阳对赤道的照射时间更长，所以赤道和两极的温度差才会那么大。

[①]编者注：地球绕太阳公转的轨道是一个椭圆，赤道面与黄道面也存在一定夹角，所以严格地说，一年中太阳与地球的距离不完全相同、与赤道和两极的距离也不完全相等。

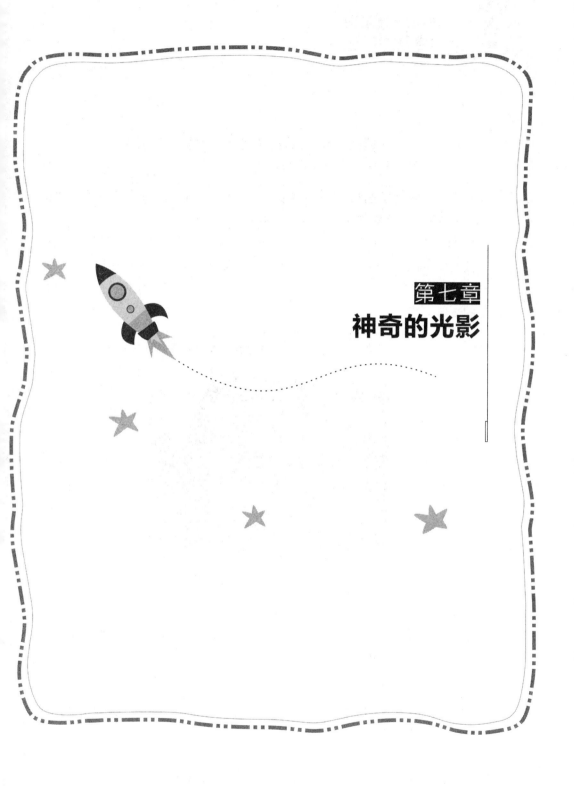

第七章
神奇的光影

1 古人如何留下影像

阳光下，影子总是紧紧跟随着人们。人们追不上自己的影子，却能够"捉住"别人的影子。人类的祖先很早就开始利用影子来画像。

18世纪时，人们想留下自己的影像不像如今这样简单。那时没有照相机，他们只能聘请画师画像。然而，画像的高昂费用普通人承担不起，于是费用相对较低的侧影像大受欢迎。如图7-1，呈现的就是那一时期的人用侧影法画像的情形。

图7-1 18世纪的人在画影像

利用这种方法画像时，人们的轮廓映在纸上，画家画好后将轮廓内涂上墨水，剪下来贴到白纸上，画像就完成了。在画侧影时，画家还能根据顾客的需要按比例扩大或者缩小影像。

仅凭轮廓能突出一个人的特征码？对于这种画法，不少人都有这样的疑惑。实际上，出色的画家能把影像画得惟妙惟肖，甚至人们只要看一眼影像就能知道模特是谁。如图7-2，你能猜到图中是谁吗？没错，是席勒。

图7-2　席勒的影像

　　这种操作简单并且还能将人画得很传神的画法不仅在当时大受欢迎，后来还被运用到风景画的创作中，从而形成了一个新的画派。

　　前面反复提到的"影像（silhouette）"一词，其实是一个人的姓。为什么这种画法要以这个人的姓命名呢？这其中有一个好玩又耐人寻味的故事。法语中的影像"（silhouette）"这个词，其实是18世纪中期法国一位财政大臣艾蒂安·德·西卢埃特的姓。这位财政大臣生活以提倡节俭著称。当时很多贵族和官员把钱花在了画像上，这位财政大臣责备这种浪费行为并提倡节俭。于是，有人开玩笑将相对便宜的侧影像称为"西卢埃特式"。

 2 **"X光"透视下的鸡蛋**

　　利用影子，人人都可以成为魔术师。下面这种好玩的影子戏，只需要简单的道具就可以表演。

准备一张被油浸湿的纸，再准备一个中间有方洞的硬纸板，把油纸贴在方洞上充当幕布。在幕布后放两盏灯，点燃其中的一盏，并在这盏灯和幕布之间放一个椭圆形纸板，这个纸板被铁丝固定在底座上。坐在幕布前的观众会在幕布上看到鸡蛋的形象。此时，你就可以很认真地对坐在幕布前的观众说："猜猜鸡蛋里面有什么？下面，我们将打开 X 光机看一下。"

你当然不是真的要开启 X 光，而是将另一盏灯也点燃，并且在灯与幕布之间放一个小鸡的纸片。只不过，所有这一切，幕布前的观众是不知道的。他们只看到随着所谓的 "X 光机" 打开，鸡蛋的边缘变亮了，更神奇的是，鸡蛋中出现了小鸡的侧影，如图 7-3。

图 7-3　利用影子变魔术

在表演这一 "魔术" 的过程中，两根蜡烛的放置位置很有讲究，要确保小鸡的影像被投射在鸡蛋影像的内部。另外，表演过程中鸡蛋的边缘之所以变亮，其实是被第二盏灯照亮的。幕布前的观众如果不熟悉物理学和解剖学，说不定真以为你在用 X 光透视鸡蛋呢。

3 **如何获得漫画式的照片**

照相机没有镜头可以拍照吗？答案是，可以。只不过，拍出的照片类似于人站在哈哈镜前的效果或者是运用夸张手法创作的变形漫画。如图7-4和图7-5。

图7-4　用无镜头照相机拍出的变形照片　　　图7-5　另一种变形照片

如果你了解这种照相机镜箱的结构，就不会为形成这样的影像而感到奇怪了。照相机的暗箱前部有两块板子，其中一块板子上有水平窄缝，另一块板子上有竖直窄缝。当两块板子紧贴在一起时，两块板上的窄缝都不见了，只在中间留有一个圆孔。透过这个小孔，可以看到正常的影像。而当这两块板子之间的距离被拉开时，照相机拍出的影像就会发生变形。

图7-6显示了光线经过这两块板时的情况。看过之后，相信你一定能明白照相机的奥妙。

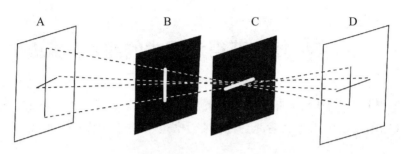

图7-6　没有镜头的照相机拍照的示意图

图形 D 是一个十字形，十字形中竖线的反射光通过 C 中的水平窄缝和 D 中的竖直窄缝时，与透过普通的小孔无异，图像都没有发生变化。这就说明这两条窄缝本身并不会影响到图像。但是，竖线最终映在毛玻璃 A 上的像与原本长度的比例，与 AC 和 DC 的距离比有关。

横向光线的传播过程与之类似，成像并不会受到 C 和 D 中两条窄缝的影响，而只与 AB 和 DB 的距离比相关。

所以，在图7-6中，C 和 B 两块板子分别对竖线和横线有影响，而且横向的缝隙距离毛玻璃更远，所以竖向投影比横向投影的成像受到的影响更大，反映到我们的眼睛中，就是图像被拉长了。

了解了扭曲图像的成因后，你可以试着调换 C 和 B 两块板子的位置，或者让窄缝倾斜，看看会发生怎样的变形。

 4　日出时间和看到日出的时间

日出之美令人震撼，然而，人们看到日出的时间和太阳真正升起的时间相差多少?

问这个问题的人一定有些物理基础，因为他知道这两个时间并不相同。原因很简单，虽然光的传播速度很快，但因为太阳距离地球很远，所以光从太阳

传播到地球还是需要一些时间。

这个时间是多少？太阳光到达地球的时间大概为 8 分钟，于是有人说，如果早上 5 点钟看到了日出，那么真正的日出时间应该是 4 点 52 分。

然而，这个说法并不准确。人们平常所说的日出，其实只是太阳把地球上的某一点照亮了，所谓的看到日出，只是人们从还没有被阳光照射到的地方转到了太阳光下。因此，即使光的传播不需要时间，人们依然无法在 4 点 52 分看到日出。至于看到日出的时间，你猜得没错，依然是 5 点钟。

不过，如果考虑上大气折射这个因素，答案又可能不同。事实上，人们能在 5 点钟看到日出，是得益于光线的折射，大气对光的折射，使光的传播路线在空气中发生了弯曲。所以人们能够在太阳真正冒出地平线之前就看到日出。

但是，光只有在不同介质中以不同的速度传播时才会发生折射现象。所以，如果光是瞬时传播的，就不会有折射现象。那么，如果光真的能够瞬时传播，人们看到日出的时间比日出的实际时间迟多久？可能只有 2 分钟，但也可能几天几夜甚至更久。延迟时间的长短，和观测点的纬度、温度等因素相关。

综上所述，如果光能瞬时传播，人们看到日出的时间会比太阳升起的实际时间更迟。不过，在同样的前提下用望远镜观察日饵（太阳边缘的凸起），却真的可以提前 8 分钟看到。

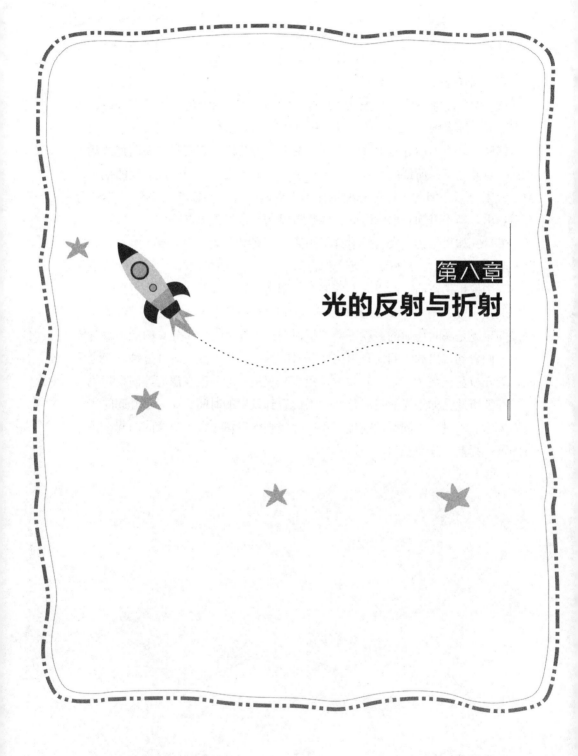

第八章
光的反射与折射

1 玩具"X光机"和军用潜望镜

19世纪90年代，一种叫"X光机"的玩具在孩子们中大受欢迎。透过"X光机"居然可以看到不透明的障碍物后面的物体：看到藏在厚厚书本背后的花朵，看穿真正的"X光"也透不过的刀片。对于当时还不懂物理学的我们而言，那简直太神奇了。如图8-1。

图8-1 备受孩子们欢迎的"X光机"

其实，只要拆开"X光机"看一看，就能发现它的工作原理其实很简单：管子里面有四个倾斜的镜子，每个镜子呈45°角，进入其中的光线被几次反射后，目标背后的情况就尽在其中了。

军事上的潜望镜与玩具"X光机"类似，也是利用光线的反射制成的，只不过前者的结构更为复杂。有了潜望镜，士兵们就可以躲在战壕里，在不暴露自己的情况下观察敌人的动向，如图8-2所示。

潜望镜所能观测到的范围，和光被反射的角度与次数相关，简单来说，潜望镜越长，就越有可能装更多的镜片，观测到的范围也就越大。然而，玻璃具有吸光特性，反射的次数越多，看到的影像就越模糊。所以，迄今为止最高的潜望镜是 20 米左右。如果再高，人们看到的影像会特别不清楚。

潜艇上的人员也用潜望镜观察周围的环境。与陆军所用的潜望镜相比，它的结构更为复杂：这种潜望镜的主体结构是一根长长的管子，管子的上端装有平面镜或三棱镜，使用时让管子的上端露出水面，光被上面的平面镜或三棱镜反射后进入管子内部，经过管子内部的传播后才能被观测者看到。

图 8-2　军事上用的潜望镜

2 会说话的人头

魔术表演总是令人惊奇不已。有时候，人们明明知道魔术师表演的背后肯定有"猫腻"，但却不知道他究竟是怎样创造奇迹的。博物馆或者陈列馆的巡回展览中，经常有这类魔术存在。比如人们会看到一个装着人头的托盘被放在桌子上，而且这人头还能够眨眼、说话和吃东西，和活人的头颅没什么两样。尽管人们不能凑到跟前去，但所看到的一切告诉自己，桌子底下什么都没有。

还有一种魔术，和上面提到的情形类似。

一个魔术师站在台上向观众展示一张空空如也的桌子。的确，在观众的视线内，桌子的确是空的，看上去没有任何"猫腻"。接下来，魔术师的助手拿着紧闭的箱子上台并站在魔术师旁边。此时，魔术师会很认真地说："箱子里有一颗被砍下的人头，但它还能说话。"魔术师把箱子放在桌子上，在观众的注视中打开：一颗人头出现了，而且真的会说话。

显然，被砍下的人头不可能会说话。那么这到底是怎么回事？原来，桌子底下并非什么都没有，而是有一个人完好无损地坐在那里，把自己的头从桌面下伸到了外面。有人会说，可我明明看到桌子底下空无一物。别着急，如果不相信，你可以在魔术师表演的过程中悄悄往桌子下面扔一个纸团。你会发现，纸团不是滚到桌子底下，而是被什么东西挡住了。

挡住纸团的是镜子，如图8-3。镜子制造出的视觉错觉让人误以为桌子底下是空的。为了"掩护"镜子使其不被发现，进行这场魔术表演的场地一定会空空荡荡，而且颜色单一。表演者还会采取措施让观众和桌子保持距离，以免穿帮。

图8-3　人头说话的秘密

说到这里，这个秘密中还有一些细节需要解释，比如人是如何将头伸出去的。原来，桌面上有一块可以折叠的板子，而且助手拿上来的箱子是没有底的。魔术师放箱子的时候，将没有底的箱子放在折叠木板的上方，提前藏在桌子底下的人就可以把头伸出来了。

 3　照镜子时把灯放在哪里

生活中的很多常用品，实际上并没有被正确使用，比如前面章节中讲过的

对于冰的使用。用冰冷却物体时，要把冰放在物体上面。那么人们照镜子时，应该把灯放在什么位置呢？

把灯放在自己的身后，这是很多人照镜子时的选择。这些人的本意是想看得更清楚，可是这样做会使被照亮的只是映像。正确的做法是把灯放在自己前面，让灯光打在自己身上，如此一来镜子里的像反而会更清楚。

 ## 4 你能看见镜子吗

照镜子是很多女性每天必做的事情，所以看到题目中的问题，她们一定会诧异地反问："我不是天天都看到镜子吗？"其实，只要回想前面章节中讲到的会说话的人头，你就一定能反应过来，说自己能看到镜子的人，肯定是被镜子给"骗了"。或者说，是被自己的眼睛骗了。

生活中，人们所说的"看到了镜子"，其实只是看到了镜框或者玻璃的边缘，再或者是人在镜子里的映像。只要镜子是干净的，没有任何人能看到镜子本身。一切能够反射光的东西都是不可见的，而镜子恰恰是一个反射面。需要注意的是，反射和散射不同。散射面能向四面八方漫射光，比如磨砂玻璃，它能够被看到。

镜子的这一特性，使它成为魔术师最为青睐的道具之一。前面章节中的人头实验，其实就是利用了镜子的这一特性。

 ## 5 爱走近路的光

只要介质不发生变化，光会一直沿直线传播。也就是说，光在同一种介质中会沿着最短路线传播。那么，如果光碰到障碍物，比如镜子，情形会怎样？

因为光的传播介质并没有发生变化，所以光被镜面反射后，所选择的依然是最短路线。

如图8-4，*A*代表光源，*MN*代表镜子，*C*代表人的眼睛，*ABC*代表光走过的路线。虚线*KB*垂直于镜面*MN*，∠1是入射角，∠2是反射角。

根据光学定律，入射角和反射角相等，所以∠1和∠2相等。于是我们可以说，从*A*点发出的光，经过镜面*MN*上某一点的反射后到达人的眼睛的所有可能途径中，*ABC*是最短的，如图8-4（a）。

上述结论可以通过计算得到验证。如图8-4（b），在*MN*上任意选择一点*D*，通过比较*ABC*和*ADC*的长度就可以验证上述说法是否正确。

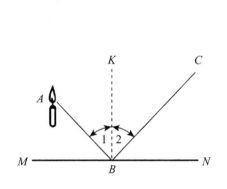

（a）光的传播路线

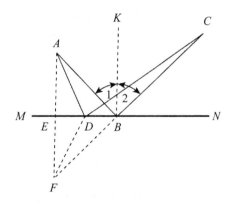

（b）光经过镜面反射，依然选择了最短路线

图8-4

从点*A*作*MN*的垂线，使这条垂线与*CB*的延长线相交于*F*点。*AF*与*MN*相交于*E*点。*ABE*和*FBE*均为直角三角形，∠1等于∠2，所以∠*ABE*等于∠*CBN*，又因为∠*CBN*等于∠*EBF*，所以∠*ABE*等于∠*EBF*。再加上三角形*ABE*和*FBE*有公共的直角边*BE*，所以这两个三角形是全等三角形。如此就不难得出*AE*=*EF*。

再来看直角三角形*AED*和*FED*。因为*AE*=*EF*，两个三角形共用*ED*这一直角边，所以这两个三角形也是全等三角形，于是*AD*=*FD*。

如此一来，ABC 的长度实际上是 FB 加上 BC，即 ABC 等于 FC；ADC 的长度为 FD 加上 DC。几何学中有一个定律：三角形两条边的和大于第三条边，所以很容易得到 FD 和 DC 的和大于 FC，也就是 ADC 大于 ABC。

因为 D 点是随机选取的，所以上述结论适用于镜面 MN 上任意一点，不过前提是入射角等于反射角。可见，即使经过镜面的反射，光也会选择最短的路线走到人的眼中。其实，这一结论早在公元前 2 世纪时就被希腊数学家希罗证明了。

6 如何使乌鸦啄米的路线最短

如图 8-5，一只乌鸦站在大树上，不远处的地面上有撒落的米粒。它如果想吃过米粒后飞到栅栏上，什么样的路线最短？学过上一节的内容后，这道题就会变得很简单。

这道题其实和光经过反射到达人的眼睛是一个道理。只要∠1 等于∠2，乌鸦的飞行路线就是最短的。这条路线和光的传播路线是相同的。

图 8-5　乌鸦的最短飞行距离

 **万化筒**

自从看到万花筒的广告后，我便念念不忘。

我费了好大的劲儿才索得一个。

迫不及待地向里张望，猜我看到了什么？

奇异的物体，灿若星光，

到底是什么？

蓝宝石、红宝石、黄宝石，

紫水晶、珍珠、祖母绿，

还有钻石。

这根本不是万花筒，

明明就是个宝库！

只要动动手指，

眼前就是匪夷所思的镜像。

这是发表于1818年7月的《善良人》杂志上的一首诗，作者是俄国寓言家阿·伊兹梅洛夫。当时，万花筒刚刚传到俄国不久，这首诗在某种程度上表达了万花筒带给人们的新奇感。

很多人小时候都玩过万花筒。上面这首诗是否勾起了你久远的回忆？随着手的转动，人们就可以从万花筒中看到不同的图案。为什么会这样？原来，万花筒中有各种形状和颜色的碎片，这些碎片经过镜片的反射形成不同的组合，于是就出现了人们看到的神奇景象。

早在17世纪万花筒就已经开始流行，它的发明者是英国人。起初万花筒中放置的是玻璃和珠子，后来被各色宝石所取代。这种万花筒从英国经法国传到了其他国家。开头诗歌中的万花筒，指的就是这种经过改良的万花筒。

诗歌虽美，并不足以描绘万花筒的全部妙处。但是诗歌最后那句却令人联

想到一个问题：万花筒到底能呈现出多少种神奇的图案？

这个问题的答案，显然和万花筒内碎片的数量相关。如果在万花筒内放入20块不同的玻璃碎片，以每分钟十次的频率转动万花筒，要想把组合而成的不同图形都看完，需要花上 500 000 000 000 年。当然，这一答案是通过计算得出的，不可能有人真的试验过。

万花筒出现后的很长时间里，都仅仅是人们手中的玩具。后来，美术师们注意到了万花筒的美妙之处，开始借助万花筒来设计他们本人都想象不出的图案。如今，很多壁纸的花纹、纺织物的纹饰都是借助万花筒设计出来的。甚至，人们还发明了一种可以拍摄万花筒内部图案的仪器，之后用机械按照画样把那些奇妙的图案呈现出来。

8 魔幻宫殿是怎样形成的

人们玩万花筒时，都是从外部向里看，如果置身于万花筒内，会看到怎样奇异的景象？这一想法并非不可实现，早在 1900 年就有人置身于"万花筒中"，见到了一个神奇世界。

那一年的巴黎世界博览会上，举办方建造了一个特殊的房间。这个房间是一个六角形的大厅，墙壁的表面都镶嵌着高度抛光的镜子，所有的墙角处都有一个和天花板连在一起的柱子。其实如果你能全面观察这个房间，你就会发现这个房间实际上是一个巨大的万花筒，只不过这个万花筒不会转动。

然而置身其中的观众却无心去想这些，因为他很可能已经被视野中数不清的大厅、柱子以及酷似他的人搞得晕头转向。无论他怎样仔细辨认，都无法弄清楚哪个才是真正的大厅和镜子。

这种现象是怎样产生的？看图 8-6（a），或许有助于你理解。图中空白的六边形代表原来的大厅，紧挨着它的六个有水平阴影的大厅是经过一次反射后的影像；第二次反射后，出现了 12 个大厅，即图中画竖线的部分；第三次反射后，得到了 18 个大厅，也就是图中画斜线的部分。根据统计，在那个特殊的房间中大厅能够反射 12 次之多，从而能看到 468 个大厅。当然反射出的大厅数量和镜子的光滑程度、大厅中镜子的摆放位置有关——如果相对的镜子是平行的，反射效果最好。

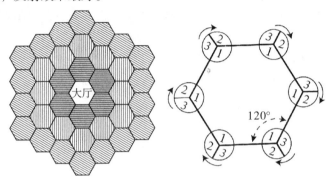

（a）三次反射后的大厅　　（b）"魔幻宫殿"原理示意图

图8-6

这个巨大的万花筒虽然神奇，但与那届博览会上的"魔幻宫殿"比起来，则稍逊一筹。"魔幻宫殿"中的景象可以瞬间变幻，人像置身于转动的万花筒内部。

这座宫殿也是利用光的反射原理设计而成，只不过墙上的镜子经过了特殊的处理。墙壁上的镜子在离墙角不远处被竖直切开，这样一来，墙角处的镜壁能够绕着柱子旋转。如图8-6（b），墙角 1、2、3 处可以产生三种不同的变化。因为各墙角布置的景色不同，这不同的景色会随着墙角机关的转动而被呈现出来，于是出现了场景的变化。

如此复杂的变化，居然是利用简单的光线反射原理建造成的。人类的智慧真是无穷无尽啊！

图8-7　魔幻宫殿

 9 光的折射现象

反射和折射是光线传播过程中的两种现象。光的折射发生在光从一种介质传播到另一种介质中时，此时光的传播路线发生了改变，不再沿直线传播。光在不同的介质中为什么会发生这种变化？

有人说这是因为大自然闹脾气，这种说法当然不可取。19世纪时，物理学家约翰·赫歇尔曾经形象地解释过这个现象：

"一支军队在徒步行军。他们起初行走在平坦的大路上，但后来却进入了崎岖不平的山区，此时行军速度变慢了。假设平坦道路和山区以一条直线为分界线，而且军队行军的方向和这条线之间有一个夹角。正因为如此，同一排的士兵们到达这条线的时间有先后，越过这条线的时间点自然也不相同。先越过去的士兵速度变慢了，而没有越过那条线的士兵还保持着原来的速度。此时，如果跨过那条线的士兵不加快速度，就会落后于没有跨过线的士兵，所以他们会加速，此时队伍在跟分界线相交的点上形成一个钝角。行军的队伍被要求保持整齐，士兵不能乱跑，所以所走的方向垂直于新的队伍正面，而且越过直线前后的路程之比等于两段路程上的速度之比。

如果你觉得这种说法还是太抽象，可以通过下面的实验加深理解：如图8-8，用桌布盖上桌子的一半，让桌子稍微倾斜，让固定在同一个轴上的两个小轮子从桌子的高处滑下来。如果轮子的下滑方向和桌布边缘垂直，它就会一直竖直向下，就像光在同一种介质中传播；如果下滑方向稍微倾斜，轮子滑到桌布边缘时就会偏离原路线，就像光在不同的介质中传播。

图8-8　光的折射实验

通过上述实验不难发现，当介质发生变化时，轮子的运动速度发生了变化；而且，当轮子的运动方向和不同介质的分界面垂直时，它的运动方向会保持不变。其实这和光线传播的道理是一样的，只需要你把轮子想象成光线。

换几种不同的介质重复上面的实验，你会发现轮子在不同介质之间移动时的速度差越大，它偏离路线的程度就越大。也就是说，光在不同介质中传播时，前后的速度差越大，折射程度也就越大。

人们常将光的折射和反射放在一起比较。前面的章节已经讲过，光在反射时所走的路线是最短的，而在发生折射时速度是最快的。

10　走弯路反而更快

光从一种介质进入另一种介质时，所选择的路线不是直线而是曲线。为什么会这样？难道绕路反而能更快地到达目的地吗？事实上，因为光在不同介质中的运动速度不同，情况的确是这样。

现实生活中也有这样的情形，表面看多走了路程，但到达目的地的时间反而更早。如一个人站在两个火车站之间，而且距离两个火车站之间的路程并不相同。他要去较远的车站，此时有两种选择：第一种选择是直接骑马去，第二

种选择是骑马去较近的车站后再乘车去较远的车站。很显然，第二种选择所走的路程比较长，但因为乘车的速度远远快于骑马的速度，所以到达较远车站所用的时间反而更少。

下面的情形也能说明同样的道理。如图8-9（a），一名骑兵受命把情报从 A 地送到 C 地。他要经过沙地和草地之后才能到达 C 地，沙地和草地的分界线为 EF 。已知马在沙地上的速度只有在草地上速度的一半，骑兵选择怎样的路线才能尽快把信送到 C 地？

（a）怎样走最快

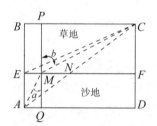

（b）AMC是花费时间最少的路线

图8-9

两点之间直线最短，所以 A 地和 C 地之间的最短路程是 AC 。但是，如果骑兵沿着 AC 走，他需要在沙地上走很长的距离，在这段距离内他的速度很慢，会浪费不少时间。节约时间最有效的办法，是尽可能减少在沙地上行走的路程。也就是说，骑兵的行进路线应该在 EF 处发生偏折，而且在沙地上行进方向与 EF 垂线 PQ 的夹角小于在草地上行进路线与 PQ 的夹角。

假设折线 AEC 所用的时间最短，下面需要做的，是用几何学上的知识比较两者所用的时间。图中沙地和草地的宽度分别是 2 千米和 3 千米，BC 长7 千米。根据勾股定理可算出 AC 的长度是 8.60 千米。之后，不难得出沙地上的路程 AN 为 3.44 千米。根据前面条件已经知道，骑兵在沙地上的行进速度是草地上的一半，那么，骑兵在沙地上通过 3.44 千米所用的时间和在草地上前进 6.88 千米所用的时间相同。所以，骑兵沿着直线 AC 前行所用的时间，相当于在草地上前进 12.04 千米所用的时间。

下面用同样的方法把路程 *AEC* 转换成草地路程。沙地距离 *AE* 为 2 千米，相当于草地距离 4 千米，$EC=\sqrt{3^2+7^2}$=7.61 千米，所以 *AEC* 换算成草地距离是 11.61 千米。

现在再来比较就能很直观地发现，按照 *AEC* 前行与按照 *AC* 前行，前者比后者少 0.5 千米左右的草地距离。那么，*AEC* 是用时最短的路程吗？

在解答这个问题时，需要用到三角函数。如图 8-9（b），理论上，当草地上的速度和沙地上的速度比等于∠*b* 的正弦值和∠*a* 的正弦比之比时，所花的时间最短。令 sin*b*/sin*a*=2，则 *AM*=4.47 千米，*MC*=6.71 千米，*AMC* 为 11.18 千米，比 *AEC* 的距离还要小。

此时再回过头来看开头提出的问题。光的折射现象确实为光找到了最节省时间的传播路径。而且，光在新旧两种介质中的速度之比，等于光的折射角的正弦值与入射角的正弦值之比，如图 8-10。此时光传播所用的时间最短。这一比值即为光的折射率。

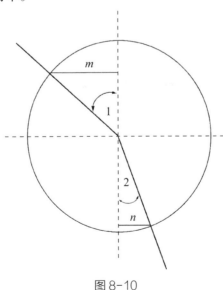

图 8-10

光的折射图中，∠1 的正弦值为线段 *m* 与半径之比，∠2 的正弦值为线段 *n* 与半径之比。

根据费马原理，光总是沿最快路径传播，即使介质不均匀时也是如此。正是因为这一特性，光在进入大气层后不再沿直线传播，而是曲折前行，这一现象被天文学家称为"大气折射"。费马原理的应用范围很广，不只是光，声音的传播也遵循这一原理。

对于很多人来说，光线的折射太难理解，即使看过这么多例子后还是似懂非懂。对于这部分读者来说，物理学家薛定谔的解释有助于加深理解。他所用的仍旧是士兵行军的例子，只不过假设地面是逐渐变化的：

"为了让队伍保持整齐，每个士兵的手中都拿着长杆。部队长官下令跑步前进。因为路面并不是完全平坦而是逐渐变化的，所以开始时右侧的士兵走得比较快，左侧的士兵稍微花了点时间才追上去。这就意味着，队伍在路面状况发生变化时走的并不是直线而是曲线。不过，这队士兵到达目的地的时间是最短的，因为左侧的士兵为了追上右侧的士兵，每个人都在拼命奔跑。"

11　用水取火

让我们用玻璃盗取太阳的火焰，
就像普罗米修斯曾经做过的那样。
卑鄙的人编造谎言就该被谴责，
借天火本来就无可厚非。

这是罗蒙诺索夫在诗歌《漫谈玻璃》中的诗句。这首诗中描绘的是用凸透镜点烟的场景。

利用凸透镜取火，这样的事情很多人都做过。但是很少有人知道，利用平面玻璃也能够取火。凡尔纳在他的著名作品《神秘岛》中描绘过用玻璃制作的放大镜取火的场景。

读到这里，有人可能会问，玻璃的表面是平行的，即便把多层玻璃摞在一起依然如此，这样的结构无法汇聚太阳光，怎么能取火？其实，只要在两层玻璃之间加入让空气折射的透明物质，比如水，这一组合就可以聚光了。

《神秘岛》中的工程师取火时，利用的就是上述原理。在荒凉的孤岛上，玻璃并不好找，所以他拆下了自己和朋友手表上的玻璃。他在两块玻璃中间灌满水，之后用黏土将玻璃的边缘封起来，一个玻璃放大镜就做好了。工程师就是利用这个放大镜引燃枯树枝，点起了火。

并非只有平面的玻璃才可以用来取火，装有水的玻璃瓶也可以。更奇妙的是，"玻璃瓶透镜"在点燃物体后，内部的水温度并不会发生变化。

玻璃的这种特性给人们带来了很多便利，然而在另外一些时候，这种特性又为生活留下了隐患。比如放在窗台上的玻璃瓶，如果其中装着水，而阳光又恰好很强，有可能汇聚光线，从而引燃周围的物品，比如窗帘。有些火灾就是这样发生的。

这种水做的透镜和玻璃透镜，究竟哪个效果更好？答案当然是玻璃透镜。这是因为光线在玻璃中折射角更大，而且玻璃不像水那样会吸收光线中有助于加热的红外线。

12 冰也可以被用来生火

水可以生火，那么冰呢？这并不是在开玩笑。冰的折射率只比水稍小，所以只要做成类似于透镜的形状，确实可以生火。凡尔纳的小说《哈特拉斯船长历险记》中就有用冰生火的情节。

当时的天气很冷，气温降到了零下48℃。在如此寒冷的天气中，主人公哈特拉斯一行人找不到火种，因而无法取暖。严寒威胁着每一个人的生命，他们也不知道自己究竟走了多久，终于发现了一个大冰块。让他们兴奋的是，冰块是由淡水凝结而成的。他们用斧子砍下一小块冰，之后又修又磨，终于把冰

做成了透镜的形状。当他们用这个透镜来生火时，结果并没有让他们失望：枯草很快被点燃了。如图 8-11。

图 8-11　小说主人公用冰做的透镜生火

小说中的这一情节绝非虚构，而是来源于生活。17 世纪 60 年代，英国人曾经用冰制作了一个体积很大的透镜，并利用它汇聚的光点燃了木头。历史上，用冰透镜取火成功的案例不止这一个。

如果你想模仿凡尔纳小说中的情节，用刀、斧子等工具做出一个冰透镜，你会发现难度很大。下面介绍一种更容易操作的制作方法：把一个装满水的小碗放在低温环境下（小碗的形状最好类似于透镜的形状），等水结冰后再将小碗拿到温度稍高的地方，或者将小碗略微加热，直到冰能够被取出来。如图 8-12 所示，一个简单的冰透镜就这样做好了。

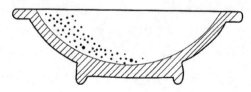

图 8-12　用小碗制作冰透镜

13　放大阳光的力量

　　夏天穿浅色的衣服更凉爽，这几乎已经是人们的共识。现实情况确实如此吗？

　　著名科学家本杰明·富兰克林曾经做过一个实验，检验不同的颜色在吸收热量方面的差异。他将各种颜色的布平铺在雪地上，观察各种布下面积雪的融化程度，得出了这样一个结论：布的颜色越深，下面的积雪融化得越多，这说明颜色深的布吸收的热量更多，而颜色浅的布对太阳光的反射更多。

　　如果你觉得富兰克林的实验太过复杂，你可以简化他的实验：找一黑一白两块布，将这两块布平铺在被阳光照射的雪地上。过一段时间，你会发现黑色的布随着下面雪的融化陷进去了，而白色的布几乎没有发生变化。这一结果，和富兰克林的结论是一致的。

　　科学研究是为现实生活服务的，富兰克林将他的发现和生活联系在一起，并如此记录道：

　　科学理论是要服务于现实生活的，否则就失去了其意义。上面的实验已经强有力地说明了，在炎热的夏季，身着浅色的衣服应该更舒服。因为深色的衣服会吸收更多的热量，这对于本来就忍受着酷热的人来说无异于雪上加霜，如果此时人需要做剧烈运动，那闷热的程度可能会超过人的忍耐极限，说不定会让人晕倒。所以，夏天穿浅色的衣服和戴白色帽子都是最合适不过的。冬天呢？或许我们应该把墙壁涂成黑色来保暖。我想，这一理论应该还可以被应用到更广泛的领域中，一切都有赖于我们的细心观察。

　　的确如富兰克林所说，他的这一发现还有着更广泛的应用。1903年，德国考察队乘坐"高斯"号赴南极考察。不幸的是，轮船陷入了冰层里。队员们动用了锯子甚至炸药，都没能使轮船脱险。就在人们一筹莫展之际，有人建议

在冰上铺上煤。于是，黑色的煤块在轮船的前方形成了长2千米，宽约10米的道路。这条大路从轮船处延伸到最近的冰缝中。在太阳的照射下，黑色煤灰下的冰慢慢融化，轮船终于脱险了。

 14 城市里也有海市蜃楼

海市蜃楼是人们常听到的一个词。

最常见的海市蜃楼出现在沙漠里：在太阳的炙烤下，行走在沙漠中的人突然看到远方景色的幻影。你知道这种现象是怎样形成的吗？

原来，在烈日的照射下，紧挨着沙子的空气被烤得很热，于是密度比上层空气小。远处的光线传播到密度小的空气中时会发生折射，如果光线恰好折射到人的眼睛里，人们就会看到远方景物的幻影了。如图8-13所示，此时，被烤热的空气具有了镜面的特征。

图8-13 沙漠海市蜃楼形成示例图

其实，把被烤热的空气比作镜子并不完全准确。热空气反射光线时，更像从水下向水面看。物理学上将这一现象称为"内反射"。这种"内反射"出现的前提是光线的入射角足够大，也就是尽可能倾斜地射入热空气中。图8-

13 中的角度就不够大。

　　根据前面章节中的内容，密度小的空气应该分布在大气的上层，但在海市蜃楼的形成过程中，密度小的空气却处于下层，于是有人指出这违背了常识。

　　其实，密度小的空气分布在上层，这是相对于稳定的大气而言的。在海市蜃楼形成的环境中，被烤热的空气的确会向上流动，然而很快就会有新的热空气补充进来，所以沙子的上方始终留有一层热空气。虽然这层空气总在变化，但是对于光线来说，有合适的温度就足够了。

　　其实，海市蜃楼不仅出现在沙漠中，还有可能出现在夏天的海上。气象学上将这种海市蜃楼称为"上现蜃景"，将柏油马路上和沙漠中出现的海市蜃楼称为"下现蜃景"。如图 8-14，路面受到强烈的光照炙烤后，附近的空气温度急剧升高，同样出现下层空气密度更小的情形就是典型的"下现蜃景"，这是因为路面上方的空气密度过小造成的。

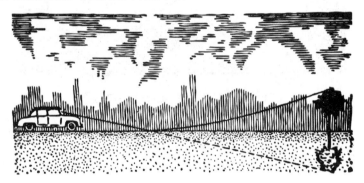

图 8-14　柏油马路上也会出现海市蜃楼

　　除了"上现蜃景"和"下现蜃景"，生活中还有一种独特的"侧现蜃景"。这种现象是因为被烤热的墙壁发生反射形成的。一位作家曾经用诗意的语言来描绘"侧现蜃景"：

　　当他走近一座炮台时，被眼前看到的情景惊呆了。平时粗糙的墙面此时像镜子一样反射着周围的景物，他怀疑自己出现了错觉，可接下来的发现更让他吃惊：前面的墙壁也是如此。突然之间，好像所有的墙壁都变成了镜子。

图 8-15 展现的就是侧现蜃景发生时的场景。左边的图片中反射现象还没有发生，而在右边的图片中，距离墙较近的那个人的影子被倒映在墙上了。虽然墙壁看起来光滑得像一面镜子，然而实际发生反射的却是墙壁附近被烤热的空气，并不是墙壁本身。

图 8-15 "侧现蜃景"出现前后对比图

看来，看海市蜃楼不一定要去沙漠中。在炎热的夏天，只要你细心地观察周围，特别是那些高大的建筑物，说不定就能亲历海市蜃楼。

15 无法复制的绿

你在海上看过日落吗？如果看过，不知道你是否看到过这样的美景：天气晴朗，万里无云，徐徐落山的太阳本来是红色的，然而在它没入地平线的一瞬间，太阳变成了漂亮的绿色。那是怎样一种绿啊，大自然的万物居然没有与其相像者。恐怕，连最优秀的画家也调不出这样令人心旷神怡的绿色吧。

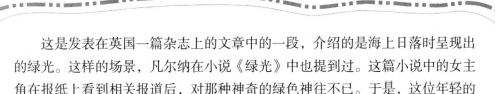

这是发表在英国一篇杂志上的文章中的一段，介绍的是海上日落时呈现出的绿光。这样的场景，凡尔纳在小说《绿光》中也提到过。这篇小说中的女主角在报纸上看到相关报道后，对那种神奇的绿色神往不已。于是，这位年轻的苏格兰小姐开始了她的追寻之旅，遗憾的是，她最终也没有看到那神奇的一幕。

其实，从英国报纸上的报道就可以知道，绿光不是小说家杜撰出来的，而是真实存在的。关于这一点，常年生活在海上的水手是最好的证人。

这不常见的绿光是如何形成的？在回答这个问题之前，先用三棱镜做一个实验。

把一个三棱镜放在眼前，让它的窄面朝外，透过这个三棱镜观察被固定在墙上的一张白纸。因为光在透过三棱镜时发生了折射，所以你看到的白纸位置比实际位置高。更让人吃惊的是，白纸的上下两端分别变成了紫色和黄红色。

之所以发生这样的变化，是因为玻璃对不同颜色光的折射率不同。白光是各种颜色的光组合而成的，三棱镜可以把白光分散成光谱上所有的颜色。在上面的实验中，通过三棱镜的白光被分散成了各种颜色。这些颜色的排列顺序是由其折射率决定的，其中紫色光线和蓝色光线的折射率大，红色光线折射率最小。在上面的实验中，各种颜色的光在白纸的中间部分重叠，于是白纸中间呈现白色；纸的上端和下端没有其他颜色重叠，所以呈现出了本来的颜色。

著名诗人歌德曾做过这一实验，却不明白其中的原理。他据此认为牛顿关于颜色的学说是错误的，并专门写了《颜色的科学》来讲述他的理论，认为三棱镜改变了物体的颜色。显然，歌德并没有理解到这一实验的真谛，他的理论自然也就站不住脚。

回过头来说日落时绿光的形成。对于人的眼睛而言，大气就是一个窄面朝外的三棱体。人们就是透过这个巨大的三棱体观察太阳落山的。太阳刚刚落山时，阳光还比较强烈，中间的强光压过了边缘的弱光，所以人们无法看到太阳边缘的本来颜色。太阳即将消失在地平线的那一刹那，太阳边缘的弱光没有受到遮盖，所以人们能够看到。那一刻太阳的边缘并不是单色的，上边是蓝色，稍微往下是蓝色和绿色的混合色。如果天气晴朗，空气干净，人们就会看到蔚蓝色。然而在大气散射作用下，蓝色的光线常常被散射掉，于是出现了开头提

到的绿光。可惜的是，空气的透明度常常"不达标"，以至于蓝色和绿色都被散射掉，于是人们只能看到红色了。

天文学家加·阿·季霍夫对绿光现象进行过系统研究。这位苏联科学院总天文台的专家点明了绿光现象出现前的征兆：

太阳落山的时候，如果它的颜色不是往常所见的红色而是呈现本来的白色，同时它刺眼得让人不敢直视，那么很可能会出现绿光现象[1]。准备吧，你马上就要看到神奇的绿光了。

同一篇文章还指出了看到绿光时的必备条件：地平线要非常清晰，而且周围没有建筑物。这样的条件往往海上都具备，这也是人们在海上更容易看到绿光现象的原因。

通过上面的讲述不难发现，空气干净透明是看到绿光现象的前提条件之一。在地平线附近空气干净的地区，只要留心观察，就会发现绿光现象很常见，而并非像凡尔纳小说中描述的那样难得一见。

阿尔萨斯的两位天文学家，甚至用天文望远镜看到过绿光现象，并留下了详细的描述：

太阳的轮廓还很清晰，就像镶着绿边的盘子，只不过它的边缘像麦浪一样起伏。这一情形，只有在太阳沉入地平线的那一瞬间才能看到，平时用肉眼根本看不到。然而在高倍望远镜的帮助下，那景色就变得再清晰不过了，你甚至在日落前十分钟就能看到：太阳的上半部分是绿色的，下半部分是红色的。起初，绿色的部分很窄，但会随着太阳的下落而越来越宽，直到在你的视野里占据一半的空间。更巧妙的是，绿色边缘的上边还有凸起的绿色。这些绿色的凸起随着太阳的移动越来越高，并在太阳完全消失时达到最高点。那一刻，绿色的凸起看起来像是脱离了太阳，又亮了几秒后最终才消失。

---

[1]编者注：此时大气散射掉的颜色少。

一般情况下，绿光现象持续的时间很短，只有一到两秒，但在特殊情况下其持续时间可能被延长。根据记载，曾经有人看到过五分钟的绿光现象。如图8-16，当时这个人正在行走中，他仿佛一直追着绿光在走，直到绿光沿着山坡消失。

图8-16　人在行走的过程中看到了绿光

右上角的小图是通过望远镜看到的绿光。

对于绿光现象，人们存在一些误区，如认为只有日落时才能看到。通过上面的分析，很显然日出时也会出现绿光现象。此外，"绿光"并不是太阳的专利，金星下落时也会出现绿光。

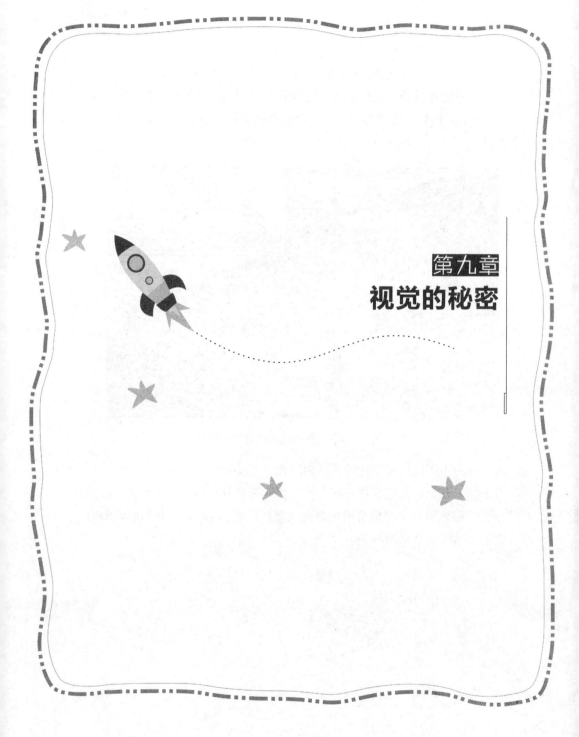

第九章

视觉的秘密

1 古老的"留影"方式

对于现在的人们而言，照相是一件很普通的事情。那么，在没有照相机的古代，人类祖先是怎样留下影像的？小说家狄更斯[①]在小说《匹克威克外传》中，描写了管理机构为监狱里的犯人画像的情形，或可作为那一时期"留影"方式的参照：

匹克威克入狱前，被命令坐下等着画像。

"我要一直坐着吗？他们要怎么画？"匹克威克不安地问。

"没错，先生，我们的确是要帮您画像。不要拘束，更不要担心，我们这里的画师都画技一流。他们绝不会画走样。"胖狱卒回答说。

除了坐下，匹克威克没有其他选择。他的仆人山姆站在旁边，俯身低声说："先生，画像其实别有深意。他们是要把你的容貌看得清清楚楚，以免把您和别的犯人弄混了。"

果然，匹克威克被观察得很仔细。胖狱卒虽然只是随便看了他一眼，但站在匹克威克前面的那个狱卒却不眨眼地盯着他看。第三个狱卒看上去像个绅士，却也不礼貌地凑过来观察他，甚至差点碰到了匹克威克的鼻子。

在这三个人的合作下，匹克威克的肖像终于画好了。直到那时，他才被获准进入监狱。

以上虽然是小说中的情节，却忠实还原了一百年前英国监狱记录犯人容貌的情形。这还不是最"笨"的方法，更早时，人们不懂画像，只能用文字描述

---

①狄更斯：英国著名作家，作品多反映当时英国复杂的社会现实，对英国乃至世界文学的发展产生了深远影响。代表作有《大卫·科波菲尔》《匹克威克外传》《雾都孤儿》《双城记》等。

人的相貌特征。普希金的戏剧作品《波里斯·戈都诺夫》里有类似的情节：沙皇提起葛里戈里时，说："他长得非常瘦，胸脯却很宽，两条胳膊一长一短，眼睛是蓝色的，头发是红色的，脸上和额头上都长着瘤子。"

在当时，如果没有丰富的想象力和语言表达能力，基本不可能描述出一个陌生人的相貌。如今，一张照片就能完美地解决这个问题。

 ## 2 费时的"银版照相法"

早在 19 世纪 40 年代，人类就发明了照相技术。那时人们所采用的是"银版照相法"。与现代照相技术相比，"银版照相法"拍照所用的时间太长，人在照相机前保持同一姿势的时间，竟然长达几十分钟。

这并非夸张的说法。圣彼得堡的物理学家鲍·彼·魏恩别尔格说，他的祖父曾经在照相机前坐了 40 分钟，才得到了一张用"银版照相法"拍摄的照片。

这种照相技术刚刚出现时，人们根本不相信用这种方法能得到自己的影像。也难怪，他们已经习惯了聘请画家画像。1845 年俄国杂志上的一篇文章，提到了人们面对这一新技术时无可适从的状态。以下是这篇文章的节选：

直到如今，人们还是不相信通过银版照相法能得到自己的影像。有一次，一个人抱着试试看的心态去了照相馆。他衣冠楚楚地走进照相馆，在摄影师的指点下坐在了一把椅子上。摄影师调了照相机的镜头，并且在照相机里安装了一块板，之后嘱咐那个人别动，就离开了。那个人坐了一会儿，既无聊又好奇，于是凑近照相机的镜头，想看看自己的影像。然而他什么都没有看到，于是摇着头叹气说："真是奇怪的东西。"接着就又在房间里来回走动。摄影师回来后，看到这个人的状态很郁闷，问他为什么不一直坐着。这个人奇怪地问："为什么要坐那么久？"

　　随着照相技术的发展，如今拍照自然不需要再用那么长时间，可很多人和上述文章中提到的那位顾客一样，对照相技术不甚了解。甚至很多人，包括摄影爱好者在内，根本不知道看照片的正确方法。看到这里，很多人会说："不就是拿在手里看吗？"其实看照片的正确方法，还真不是那样，下面章节中将详细讲解。照相技术已经发明了一百多年，竟然还有如此多的人用错误的方式看再熟悉不过的照片，想来也挺无奈。

3 放大镜的奇特用途

　　据资料显示，人看照片的最佳距离是 12 ～ 15 厘米，而正常人的最佳视距是 25 厘米。所以对于正常人来讲，想看到照片的立体效果非常不容易，因为人的眼睛很难适应如此近的距离。此时，可以借助放大镜来获得最好的视觉效果。

　　因为人的最佳视距大概是看照片最佳距离的 2 倍，所以放大率为 2 的放大镜是最合适的。闭上一只眼睛，再借助一个放大率为 2 的放大镜，人在看照片时就能接近拍摄照片时的视觉印象了。

　　其实，人们早就知道了这一事实，并且将其扩展到生活中的其他方面。玩具店里的"全景画"就是根据这个原理制成的。这种玩具上有个小孔，人用一只眼睛透过小孔可以看到里面的立体风景画。

　　为了增强立体效果，玩具制造商利用人眼对近处立体物体更敏感的视觉特性，对"全景画"进行了特殊处理。他们会将风景画中的前景剪下来放在离小孔更近的位置，如此一来，人在观看时立体感就更强了。

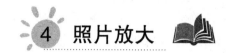

4 照片放大

　　面对一张放在普通人最佳视觉距离上的照片，如果不用放大镜，视力正常的人还有其他办法看到其立体效果吗？答案是肯定的，只要照片是用焦距合适的镜头拍摄的就可以。

　　据资料显示，眼睛和照片之间的最佳距离，应该等于镜头焦距的长度。视力正常人的最佳视觉距离是25厘米，那么拍照时使用焦距为25厘米左右的镜头，普通人就很容易能看出照片上的立体感。

　　上面介绍的这种方式有一个前提，那就是人只能用一只眼睛看。那么，人有没有可能用两只眼睛也能看出立体效果呢？答案也是肯定的。

　　用两只眼睛看物体时，物体在两眼视网膜上的成像有轻微差别。正是这个原因，物体在人们眼中呈现出了立体效果。但是，两眼的视觉差会随着距离的增大而减小。有实验表明，用焦距为70厘米左右的镜头拍摄出的照片，人用双眼就能看出立体效果。

　　不过，长焦镜头不方便携带。于是，有人想出了另外的办法：将普通相机拍摄的照片放大4～5倍。此时，人只要站在70厘米左右的地方，不需要闭上一只眼睛就能看到照片的立体效果。不过，照片被放大后会变模糊，所以上述方法只适用于对细节要求不高的情形。

5 如何正确看画报

　　早在19世纪，人们就发现了看照片的正确方法。1877年，英国心理学家卡彭特在他的著作《物理基础》中有过这样的描述：

用一只眼睛看照片，照片中的景物显得更加真实，与此同时，另外一些曾经被忽略的细节也更清楚了。这种差距在静止的水的照片中最为明显。当人们用两只眼睛看照片时，看到的水犹如一潭死水，毫无生气，就像表面涂了墙的雕像。可是，你闭上一只眼睛再看，并且将照片放在适当的距离，一切都不同了，水变得清澈见底，你甚至能感受到水的深度。用这种方法，我们还可以区分出相似物体之间的细微差别，比如铜和象牙。当你用两只眼睛看它们的照片时，它们之间的差别很小，但用一只眼睛看时，你很容易发现它们表面的颜色是不同的。

从上面的描述中不难看出，看照片的正确方法并不是今天才被发现的。然而很遗憾，很多年过去了，这一方法仍然只是被少数人所知。

看照片的正确方法，还可以被应用到看画报时。画报上的照片，是用不同焦距的相机拍摄的，所以这里无法给出一个固定的最佳观看距离。不过，采用下面的方法，你很容易就能找到观看的最佳位置：闭上一只眼睛，伸直手臂，将画报举到眼前，并且让照片与视线垂直，此时照片恰好在视线的中心。然后，将画报缓缓移动到眼前，并在你感觉立体感非常强时停下。毫无疑问，那就是最合适的位置。

只要掌握了正确的方法，昔日毫无特色的平面照片就会呈现出让人惊奇的立体感。甚至有时候，人还能够在照片中看到现实世界中都难以捕捉到的水光。

通过前面的讲述可以知道，照片被放大后，人们更容易获得立体感，当照片被放大到一定倍数后，人甚至不用闭上一只眼就能获得立体感。如果把照片缩小，结果会怎么样？答案是：即使用一只眼睛看，照片的立体感也很难被呈现，它看上去就像是平面的。不过，万事有所失必有所得，被缩小后的照片虽然失去了立体感，但清晰度却很高。

6 实体镜

即使是立体的实物，在人眼视网膜上的成像也是平面的。既然如此，人看到的物体应该都是平面的，怎么会看到立体的影像呢？

这一现象的成因很复杂。第一，很多物体的表面并不像玻璃那样光滑，甚至还有差距很大的凹凸，所以物体表面的明暗度不同，人们据此能够判断出物体的形状。第二，人眼睛的张力会随着与物体距离的不同而变化，立体物体不同部位距离眼睛的距离各不相同，这就需要眼睛"自动调节"。如果没有这种调节，人将无法获得纵深感。

除此以外，还有很重要的一点：同一物体在人的左眼和右眼上的成像是不同的。如果你对此还心存疑惑，可以通过以下这个简单的小实验来验证：分别用左眼和右眼看同一件物体，你会发现两次看到的影像并不完全一样。此时大脑会提醒人们："这是一个立体物体"，于是物体就以立体的影像呈现在人们的眼中了。两眼之间具有视觉差，这是立体感的重要成因。

这个问题还可以讲得更清楚一些。把左眼和右眼看到的物体分别画出来，你会发现这两张画具有细微的差别。如图9-1所示，将左眼看到的那张画放在左边，将右眼看到的画放在右边，试着让左眼只看左边的画，右眼只看右边的画，你会惊奇地发现自己看到的并不是两幅平面图画，而是一个颇具凹凸感的立体图像。甚至，其立体感比人们平时用两只眼睛看到的更强。

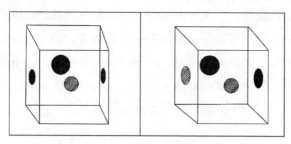

图9-1　同一物体在左右眼中的样子并不相同

让一只眼睛只看到一幅画而看不到其他物体，这并不容易做到。不过，如果借助实体镜，这就变得很容易。很早以前，实体镜是平面镜做的，利用反射将图像融合成整体。新式实体镜是用三棱镜做的，三棱镜有凸起的表面。三棱镜能改变通过其中的光的方向，而且这光线在观看者的意识中被延长了。于是观看者会觉得两个图像叠加在一起了。此时，图像呈现出的就是立体效果。

实体镜的原理虽然简单，但效果却好得出乎很多人的意料。人们看风景照或者用立体模型研究地理时，常用到这一工具。

7 天然实体镜

在没有实体镜的情况下，可以看到物体的立体图像吗？答案是肯定的。其实，利用两个望远镜镜片和一张硬纸板，就可以制作一个实体镜。

把硬纸板剪出两个圆洞，把镜片贴在圆洞上；将左眼看到的图像和右眼看到的图像一左一右放置，并且在两张图像中间放一块纸板，将这两幅画隔开，此时左右两眼都只能看到一幅图像。根据前面章节中的内容可知，此时两幅画会重叠成立体图像。只不过，图像没有用实体镜观看时的放大效果。

自制实体镜虽然简单，但毕竟借助了工具。如果只凭肉眼就能看到类似的立体效果吗？答案依旧是肯定的。只不过在此之前，眼睛要经过专门的训练。

需要说明的是，即使经过训练，有些人也无法用双眼看到立体图像。之所以如此，并不是因为这些人训练不刻苦，而是因为他们的眼睛本身有问题。大多数人经过训练后，都能让自己的眼睛变成"天然的实体镜"。

进行这种训练时，要遵循由易到难的顺序。先从图9-2（a）开始练习。把图像放在眼前，假想两个黑点之间的空白部分藏着秘密，或者假想空白部分的后面有宝藏，然后全神贯注地凝视空白部分。渐渐地，黑点似乎分裂了，两个变成了四个，而且外侧的两个黑点相向而行以至于越来越远，内侧的两个黑点却逐渐靠近，直到合二为一。如果你能看到描述中的景象，那就说明训练成

功了，你就可以继续看图9-2（b）和图9-3。

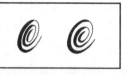

（a）凝视两个黑点间的空白部分　　（b）两个影像会融合成一个圆

图9-2

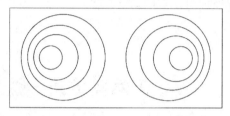

图9-3　图像融合成一根水管的内壁

上面的训练都成功后，请继续看图9-4和图9-5。如果成功的话，你能在图9-4中看到四个悬空的几何体，在图9-5中看到一条长廊或者隧道。

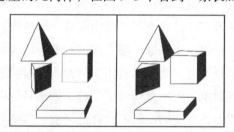

图9-4　左右两边的图像融合成四个悬空的几何体

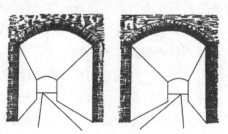

图9-5　长廊或者隧道

现在你是不是对这种训练更感兴趣了？继续看图 9–6 和图 9–7，当左右两边的图像融合后，前者是鱼缸，而且鱼缸中还有小鱼在游动，后者是美丽的海上风景。

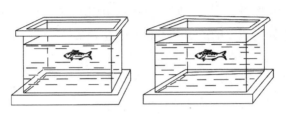

图 9-6　鱼缸里的鱼儿在游动

图 9-7　美丽的海上风景

其实，上述训练很简单，绝大多数人训练几次后就能掌握技巧了。近视和远视患者不需要摘下眼镜就可以做这种练习，不过一定要找到合适的观看距离。

需要特别提醒的是，频繁练习对眼睛有损伤。所以，即使你上瘾了，也一定要适可而止。另外，为了提高训练的成功率，最好找个光线充足的地方。

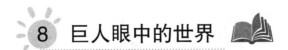

8　巨人眼中的世界

当人们看远方物体的时候，很难获得立体感。比如远方的河流、山川、建筑和风景，明明和人们的距离各不相同，但看上去却像在同一个平面上。再比

如星星和月亮，人们总觉得它们也在一个平面上，可实际上月亮距离地球要比星星近很多。为什么会这样？

　　这个问题，要从人类获得立体感的成因开始讲起。前面的章节中已经讲过，当人看一个物体时，因为两眼和物体的距离不同，观看角度不同，所以同一个物体在两眼视网膜上的成像并不相同。在人获得立体感的诸多原因中，这是非常重要的原因。然而，人与物体之间的距离越大，物体在双眼视网膜上的成像相似度就越高。当距离增大到一定的程度（大约是450米），双眼之间的视觉差异就会消失，这时人就不能获得立体感了。

　　这是因为人的双眼之间的距离只有6厘米，和450米比起来，6厘米实在太微不足道。也正是因为这个原因，如果你想拍摄450米以外的物体，那无论站在哪个点上，拍摄出的照片都是一样的，而且在这样的照片上，即使用实体镜也看不出立体效果。

　　这是否意味着，我们永远无法在照片中看到远方物体的立体效果？当然不是。拍摄远方景物时，你可以选取两个点，并且让这两个点之间的距离大于人的两眼之间的距离。之后，将拍好的两张照片同时放到实体镜下，就能看到立体效果了。这种方法可以用来拍摄立体风景照。如果能用带有凸面的放大棱镜观看立体风景照，你甚至可以看出物体本来的大小，其效果令人感到吃惊。

　　上述原理，其实可以被应用到观看风景时。双筒望远镜就是根据类似的原理制作出来的。通过前面的讲解我们已经知道，人的两眼之间的距离大概是6厘米，而双筒望远镜两个镜头之间的距离约为40厘米，是正常人两眼之间距离的6倍还要多。假设使用的是10倍望远镜，此时看到的影像比用肉眼直接观看立体感要强60倍，如图9-8所示。

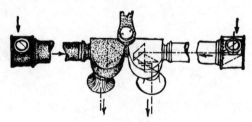

图9-8　双筒望远镜结构示意图

也就是说，用双筒望远镜看远方的物体，等于拉大了人的双眼之间的距离，所以人能非常强烈地感受到远方景物的立体感：群山、岩石、树木、建筑物和海上行驶的船只都不再是平面上毫无生气的物体，而是像浮雕一样错落有致，一直延伸到视野的尽头。甚至，你似乎能看到远方的船只在缓缓前行。这样绝妙的场景，是用普通望远镜无法看到的。在双筒望远镜被发明之前，恐怕只有传说中的巨人看到过吧。

双筒望远镜的用途非常广泛，除了看风景，还被地质工作者、海员、炮兵、旅行家等使用。

棱镜也可以被用来制作双筒望远镜，这与棱镜本身的构造相关。图9-9中的双筒望远镜就是利用棱镜，使得两个物镜间距离比双眼距离（即两个目镜距离）大，从而达到立体观感。

上述两种双筒望远镜都是通过增加立体感来塑造生动性与真实性，但有时候，真实感却需要削弱立体感来达到，比如看戏时，人们使用两个物镜间距离较近的观剧镜来使舞台平面化，在这种情形中，立体感被虚弱后，人们更容易将演员和布景融为一体，反而觉得更真实。

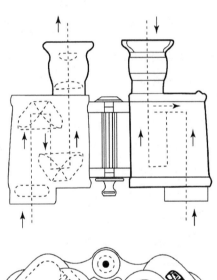

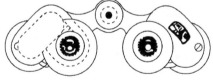

图9-9　用棱镜做成的望远镜

 9　实体镜中的星空

前面章节中讲过，实体镜能帮助呈现出远方风景的立体感。然而，当远方

物体的距离远远大于实体镜两个镜头之间的距离时，实体镜的效果同样会被削弱，甚至和用肉眼观看的效果一样，看不出立体效果了。

实体镜两个镜头之间的距离一般在 30 ～ 35 厘米之间，这相比于距离地球数亿千米的天体来说根本不值一提。即使人们把实体镜两个镜头之间的距离增加到几十米甚至几百米，和数亿千米的距离比起来，也是微不足道的。所以，实体镜虽然能帮人们看到远方错落有致的风景，却无法帮人们看到天体的立体效果。

这是否意味着，人们无法看到天体的立体效果？当然不是。天体的立体效果可以从拍摄的立体照片中获得。

前面的章节中讲过，利用照片观察远方风景的立体效果时，要选取不同的地点拍摄，而且要让两个拍摄点之间的距离大于人的眼睛之间的距离。然而拍摄天体的立体照片时，你却可以在同一个地点拍摄。这是因为地球围绕太阳公转，所以地球和宇宙中其他天体之间的相对距离一直在变化。根据计算，地球 24 小时走过的路程达百万千米，所以只需要选择不同的时刻拍摄同一天体即可。用这种方法拍出的照片肯定有差异，之后将两张照片同时放到实体镜下，就能看到天体的立体效果了。

上述方法还可以被用来寻找新的行星。比如火星和木星轨道之间的小行星。以前人们发现小行星极具偶然性，而现在，只需要将两张不同时刻拍摄的同一天体的照片一起放到实体镜下，如果其中一张照片中有小行星而另一张照片上没有，在实体镜下，这个小行星就会"跑"到大背景的前方或者后方，从而很容易就会被发现。

人们不仅可以利用实体镜从不同位点观测星体，还可以看到星体的亮度变化。观测方法很简单，同样是把两张在不同时刻拍摄的同一天气的照片放到实体镜下，如果两张照片的亮度不同，观测者很容易就可发现。这有利于天文学家发现那些亮度呈现周期性变化的星体。这些星体，被天文学家称为"变星"。

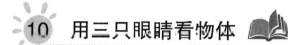

10 用三只眼睛看物体

毫无疑问，这个世界上根本没有三只眼睛的人，所以很多人看到本节的题目后，一定会觉得非常奇怪。人的确没办法再长出一只眼睛，却可以利用科学让自己看到三只眼睛才能看到的东西。

两眼之间的视觉差是人获得立体感的重要原因，所以一般情况下，人用一只眼睛无法看到立体影像。然而，利用实体镜却可以：闭上一只眼睛，把本来给两只眼睛看的两张照片快速在屏幕上进行放映，此时照片中的影像在睁开的那只眼睛中融为一体，立体感就此产生。

人既然能用一只眼睛看两张快速切换的照片，那就可以同时用本来闭着的那只眼睛看另外一张照片。具体做法如下：

选取三个不同的地点对同一物体进行拍摄，之后会得到三张不同的照片。将两张照片在一只眼睛前迅速切换，同时用另一只眼睛看第三张照片。通过前面的讲述已经知道，用一只眼睛看两张快速切换的照片就可以获得立体感，再加上第三张照片的补充，立体感会特别强。虽然人们还是用两只眼睛看照片，却获得了用三只眼睛看才能感受到的效果。

需要说明的是，人看电影时的立体效果，有时是因为镜头的快速切换造成的，有时却是摄像师在拍摄过程中轻微抖动摄像机造成的，因为那种抖动会让前后拍摄的镜头有差异。这些有差异的画面被快速切换时，观众就获得了立体感。

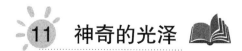

11 神奇的光泽

如图 9-10 所示的两个多面体，其中一个是白底黑线，另一个是黑底白

线。将这两个多面体的实体照片放到实体镜下，会出现什么现象？做过这个实验的人会发现，两个图像在人们的视野中融合为一个发光的多面体。

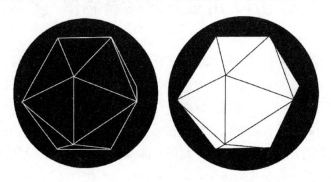

图9-10　两张图在实体镜下融合成发光体

对于这一现象，德国物理学家赫尔姆霍兹[1]曾经这样描述：

两个平面一个黑一个白，当我们透过实体镜观察它们时，无论纸张是否光滑，我们都会看到两张图在我们的视野中融合为发光体。基于同样的道理，我们将晶体模型的立体图也制作成一黑一白，然后将它们置于实体镜下，人们就会感觉到很强的立体感和真实感，融合后的图形仿佛具有光泽的石墨。这种方法还可以让日常生活中常见的水、树叶等散发出光泽。

赫尔姆霍兹认为这种现象的产生和纸张的光滑度无关，但俄国生理学家谢切诺夫[2]对此却有另外的解释。在他1867年出版的《感觉器官的生理学·视觉》中，他写道：

---

[1]赫尔姆霍兹：德国著名的物理学家和生理学家。在物理学方面，他对人的视觉进行了系统深入的研究，与此同时在心理学上亦有建树。

[2]谢切诺夫：俄国生理学派和心理学中的自然科学流派的奠基人。他的最伟大成就之一，是研究和发现了中枢抑制现象。同时，他还提出了新的反射学。

明暗或者色彩深浅不同的表面，在实体镜下好像发出了光泽。不过，如果这个表面非常粗糙，就会把光反射到各个方向，也就是平时所说的漫射。在这种情况下，人在任何角度所看到的明暗、色彩都是相同的。而光线经由光滑平面的反射后，只能向一个方向传播，所以人的双眼得到的光线可能并不相同。甚至还有这样一种极端的可能：一只眼睛得到了几乎所有光线，另一只眼睛没有得到光线。此时用实体镜观看物体，就像物体发出了光芒。

在谢切诺夫看来，人之所以看到光芒，是因为左右两只眼睛得到的光线多少不同。此时再回过头来解释图9-10中的现象就容易得多。与黑色相比，白色的反光性能更好，人的两只眼睛得到的光线因而存在差异。在两个图形融合的过程中，人们根据以往的经验，并且结合得到的光线刺激做出了判断。

12 坐在火车上看世界

坐火车时，如果你仔细观察过沿途的风景，你会发现车窗外的风景别有一番韵味：在火车的快速行进中，远方的景物迅速后退，然而视野中的景象却层次分明，像极了精雕细琢的浮雕。就连平时并不起眼的花朵、树木、叶子都更真实可爱。山川峡谷的变化、地面的起伏在人的视野中越发清晰。人即使闭上一只眼睛，也能感受到强烈的立体感的冲击。这到底是怎么回事？

前面的章节中已经讲过，将不同地点拍摄的同一物体的两张照片在人的一只眼睛前快速切换，人就能获得立体感。人在火车上更容易获得立体感的原因与之相似。只不过，前者是将物体快速移动，后者则是人本身快速移动。不管是哪种移动方式，人的眼睛和物体之间的相对运动是一致的，所以两者的效果相同。

也就是说，人可以通过加速自身的移动来获得立体感。电影中一些立体感强的镜头就是在快速前行的火车上拍摄的，依据的也是这一原理。

坐在快速行驶的汽车中，人们也能感受到坐火车时的立体感。而且，如果仔细观察的话，你还会发现车窗外一闪而过的物体似乎都变小了。对于这一现象，物理学家赫尔姆霍兹的解释是，快速移动的物体会让人产生错觉，觉得它们离我们很近，事实上，我们看到的大小就是物体的实际大小。人之所以产生这样的错觉，是因为车窗外物体的立体感太强。

13 神奇的彩色玻璃

用红色的笔在白纸上写几个字，透过红色的玻璃去看这张白纸，会发现根本看不到红色的字。这是因为红色的字迹被红色的玻璃遮盖了。下面，把写字的笔换成蓝色，再透过红色玻璃看时，你会发现蓝色的字变成了黑色。

这是为什么呢？原来，红色玻璃之所以显示为红色，是因为它吸收了其他颜色的光而只让红色的光通过。也就是说，蓝色字迹处根本没有光，所以人只能看到黑色。如果你将写字的笔换成灰色，得到的结果也是如此。

有色玻璃都具有类似的性质。利用有色玻璃的这一性质，人们制成了彩色眼镜。这种彩色眼镜的两个镜片颜色不同，其中右边是红色的玻璃镜片，左边是蓝色的玻璃镜片。利用这种彩色眼镜，人也可以获得立体感。只不过，彩色眼镜的观看对象只能是立体彩照。

立体彩照是一种特殊的照片。在这种照片中，有可供左眼和右眼分别观看的图像，其中一个图像是红色的，另外一个图像是蓝色的。两个图像看起来像是重叠在一起。

戴上彩色眼镜后，因为左右两个镜片的颜色分别是蓝色和红色，这就意味着立体彩照上供两眼观看的部分都没有光能通过，所以人的双眼看到的都是黑色图像。双眼看到的两个黑色图像相融合，人就看到了一个立体的黑色图像。这种效果和用立体镜看到的效果差不多。

14 银幕奇迹

看过电影的人，很多都有这样的经历：当观影者戴着前面章节中提到的彩色玻璃眼镜看电影时，如果恰好有人从屏幕前走过，而且他的影子被投射到了大屏幕上，此时观影者不仅会看到这个路过者的立体影像，甚至会觉得这个影像正向自己冲过来。这种现象被称为"银幕奇迹"，成因和上一节中提到的用双色玻璃镜去感受立体感的成因一样。

于是，当人们想让物体具有从屏幕上凸出的立体效果时，就可以在距离屏幕适当的距离处放一红一绿两个光源，然后将这一物体放在屏幕和光源之间。这时，一红一绿两个影像会出现在屏幕上，当人们戴着彩色眼镜观看时，就能看到立体效果了。

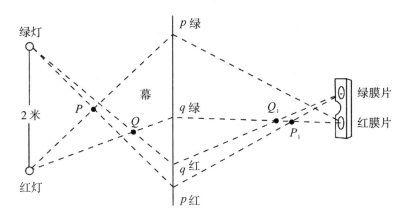

图 9-11 "银幕奇迹"是这样产生的

借助图 9-11，这个问题还可以分析得更清楚一点。很显然，图的最左侧是一红一绿两个光源，图中 P 和 Q 为光源和屏幕之间的物体，p 绿、q 绿、p 红、q 红四点为物体在屏幕上的投影，P_1 和 Q_1 代表人透过彩色镜片后看到的 P 和 Q 的位置。也就说，如果有一只道具"蜘蛛"从屏幕后的 Q 点爬到

P 点，戴着彩色眼镜的观众会觉得这只蜘蛛从 Q_1 点冲向了 P_1 点，而且离自己越来越近了，甚至有人忍不住想躲避。

也就是说，当人们看到有物体从屏幕的方向向自己冲过来时，物体正向着相反的方向移动。

15 物体变色之谜

物体色彩学说是物理界的重要学说之一，是由英国物理学家牛顿提出的。在讲述这个学说之前，先介绍一个倍受欢迎的实验。这一实验是在一个叫"趣味科学馆"的地方进行的。

在"趣味科学馆"的一个房间里，陈列着不同颜色的家具。在屋内白色的光线下，参观者可以看到柜子是暗橙色的，绿色的桌布被铺在桌子上，桌子上有红色的果汁和花瓶，书架上的书全部书脊朝外，书脊上各种颜色的字体清晰可见。

接下来，转动开关，把房间里白色的灯光调节成红色。此时再看刚才的角落，很多人甚至不相信眼前的一幕：暗橙色的柜子变成了玫瑰色，桌布不再是绿色而是暗紫色，桌上红色的饮料变透明了。此外，花瓶里的花、书脊上字的颜色都发生了变化，有的字甚至看不到了。然后，再转动开关，把灯光由红色调成绿色，所有物体的颜色又一次发生了变化。

上述实验证实了牛顿的色彩学说：光线照射到物体上时，一部分会被物体吸收，还有一部分会被反射到人的眼睛里，被反射到人眼睛中的光线的颜色决定了物体的颜色。在牛顿之后，英国物理学家廷德尔又对这一理论进行了如下阐释：

当白色的光线照射到物体上时，如果人们看到的是红色，那表示绿色的光线被吸收了，物体反射的是红色光线；同理，当人们看到绿色时，红色的光线肯定被吸收了。也就是说，物体通过排除一部分颜色的方式获得了自己的颜色。

现在回过头来分析开头提到的实验。白色光线照射到桌布上时，除绿色之外的其他颜色的光线都被吸收了，反射到人眼中的只有绿色光线。当这块桌布被置于红色或者紫色的光线下时，它只反射了紫色，也就是人们在红色灯光下看到的颜色。

通过上面的分析，你一定明白了房间里物体变色的原因了吧？现在唯一需要补充说明的问题是：在红色灯光的照射下，红色的果汁为什么变成透明的了？它不应该依旧保持红色吗？这是因为果汁并没有被直接放在桌子上，而是被放在了桌子的白布上。红色的灯光将白布"染"成了红色，但是在周围深色的对比下，人们习惯上仍将桌布当成白色的。果汁的颜色其实和白布的颜色相同，所以一起被误认为"透明"了。

16 书的高度

你的朋友拿着一本书站在你前面，你让他根据感觉在墙上画出书的大小。等他画完后，你将书贴到墙上和他画的图像进行对比，会发现他所画的书的高度可能是书实际高度的两倍。如果你不让他亲自去画而只是口头说出书的高度，这个高度往往比书的实际高度更大。

其实，用很多生活中的其他物体做上述实验，也可以得到类似的结果。

这种错觉到底是怎样产生的？原来，当人们顺着物体的长度方向看过去时，物体的长度总是显得比实际长度短。

17 大钟到底有多大

图 9-12　伦敦威斯敏斯特教堂上的表盘和汽车对比图

在图 9-12 中，以人和汽车为参照，被放在马路上的表盘犹如庞然大物。这个表盘是从伦敦威斯敏斯特教堂的时钟上拆下来的。对此，很多人表示惊讶，因为他们平时看到钟楼上的钟很小，所以他们无论如何也不相信钟楼能装下如此巨大的表盘。

其实，这和人们判断书的高度时所犯的错误一样，也是由于视觉误差导致的。人在判断高处物体的大小时，判断出的结果总是与实际结果相差很多。

18 为什么穿黑色比白色显瘦

两个物体同样大小，但一个颜色深一个颜色鲜亮，那么，鲜亮的物体就会显得比深色物体大。所以就会有下面这些现象：

当天空中是一弯明亮的新月时，偶尔我们也能看见月亮的阴影部分。表面看上去，就会觉得明亮部分的圆的直径，好像大于阴影部分的圆的直径。

明明是同一个人，与穿浅色衣服相比，他穿深色衣服就会显得更瘦一点。

如果在白色背景上画一个黑色圆点，再在黑色背景上画一个白色圆点，两个圆点一样大，但很多人都会觉得黑色圆点比白色圆点小，差值大约是 1/5。也就是说，如果想要使两个圆点看上去一样大，需要把黑色圆点放大 1/5。

也许你会认为上面这一段关于黑白颜色的描述出自一位物理学家，事实上，这是大诗人歌德在《论颜色的科学》里写的一段话。

歌德所描述的是一种视错觉，我们称之为"光渗现象"，即白色或浅色的形体在黑色或暗色背景的衬托下，具有较强的反射光亮，是扩张性的渗出。在这种情况下，会令视觉产生浅色的形体看起来比本身要大一些的错觉。

图 9-13　三个黑点

观察图 9-13，从远处看，会觉得在下面的黑点和上面任意一个黑点之间的空隙中，能容纳四到五个同样大小的黑点。但实际上，通过具体的测量，你

会发现在这段空隙里，只能放下三个大小一样的黑点。也就是说，图中上面两个黑点外缘之间的距离，等于下面黑点与上面任意黑点之间白色空隙的距离。但看上去，我们会觉得后者距离更大。

在校准得很好的相机的毛玻璃上，物体成像的轮廓非常清晰，但由于眼睛里折射光线的介质在视网膜上所成的像的清晰度有限，再加上"球面相差"的作用，即在光亮物体轮廓外缘围绕着一圈光亮的镶边，物体在视网膜上的成像轮廓会因为这个光亮的镶边而被放大，所以，我们会觉得浅色物体比同样大的深色物体大。

不过，歌德所描述的白色圆点与黑色圆点间的差值为 1/5 并不严谨和准确，这个差值会随着两个圆点距离的增加而增大。假如站在更远处看图，视错觉就会更强，这是由于光亮镶边的阔度不变，在较近距离看时，它能使白色部分加阔 10%，当距离变远时，由于圆点本身看上去缩小了，加阔的部分就可能达到 30%～50%。

这个原理还可以用来解释在看图 9-14（a）时产生的视错觉。

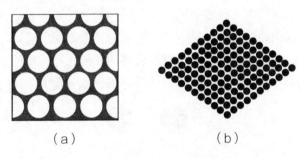

（a）　　　　　　　　（b）

图 9-14　看这些图片时会产生错觉

在近处看，只看到白色圆点分布在黑色背景上。走到距离这幅图较远一些的地方，可以走开 2 到 3 步，也可以走开 6 到 8 步，这时候，你会看到白色六边形，像蜂房一样，而不是原来的白色圆点。不过，仅仅用"光渗现象"解释上面的视错觉，或许并不能完全令人满意。比如我们再从远处看看图 9-14（b）会发现，白色背景上的黑色圆点也会变成六边形。

到现在为止，人们对于视错觉的解释还不是百分之百的准确和完美。甚至还有一些现象，至今仍是谜团。

19 图片中哪个字母最黑

"如果一个光学仪器制造者制造了一台有缺陷的光学仪器，并且把它卖给我，对他这种不负责任的行为，我会以最不客气的方式提出抗议，并且把仪器退还给他。"物理学家赫尔姆霍兹曾这样表述。但是，事实上人的眼睛就是一台天然存在缺陷的"光学仪器"，这些缺陷会给生活带来很多不便，需要借助光学仪器来弥补。其中，散光就是常见缺陷之一。想要保证对各方向光线的折射程度完全一致，只有制作精良的玻璃透镜能实现，但我们的眼睛做不到这一点。对各个方向上的光线不能完全一样进行折射，这就是散光。

散光的具体表现，可以通过图9-15具体体会。

图9-15 哪个字母更黑[①]

首先，图中的字母颜色是一样的，但由于我们不能同时看清横线、竖线、斜线，所以在不同角度下，会感觉图中四个字母的颜色深浅不一。先用一只眼睛看图，就会觉得这四个字母不一样黑，记住你认为最黑的那个字母，换个角度，从侧面看过去，你会发现之前认为最黑的那个字母变成灰色了，另外一个字母则变成了最黑的。

---

①图中四个俄文字母的意思是"眼睛"。

几乎所有人的眼睛都有一定程度的散光，只不过有些人的缺陷比较轻，而有的人则严重到视力受到了显著影响，看东西会感到模糊，这时就需要戴眼镜以弥补视觉上的缺陷。

对于眼睛构造上的缺陷，我们可以通过多种方式进行弥补，但一些其他原因造成的视错觉，却无法完全避免。我们将在后面解释原因。

20 始终盯着观众的画像

在小说《肖像》里，作家果戈理[1]描写过这样的片段：

肖像中那双可怕的眼睛一直盯着他，仿佛别的什么也不看，只是盯着他……画中人的视线仿佛要穿透他的一切，对于周围别的人和事，那双眼睛一点兴趣也没有。

图9-16　让人害怕的画像

---

①果戈理：1809—1952，俄国批判主义作家，代表作有《死魂灵》《钦差大臣》等。

观察图 9-16 所示的画像，就会有和小说中的人物一样的感觉，就好像这幅图中的人物一直盯着我们，他的手指一直指向我们，不管我们向左走还是向右走，他的视线都跟随着，一点也没有偏移。

很久之前人们就注意到了这种奇特的现象，画中人仿佛一直监视着我们，视线寸步不离。这种奇妙的现象，常常会令人惊讶。尤其对于一些神经脆弱的人来说，简直让人毛骨悚然，有些人甚至惊慌失措。由于一开始人们并不能很好地解释其中的原理，所以产生了一些迷信的传说。事实上，这只是一种常见的视错觉。

这种视错觉在其他场景下也很普遍，比如，不管我们朝哪个方向移动，图画上的那匹马始终在朝我们奔跑；不管我们怎么躲避，画中人的手指就指向我们的眼睛。这种视错觉产生的原因其实很简单。比如图中，画中人物的瞳孔在眼睛的正中央——现实中，一个人如果直视着我们，他的眼睛和瞳孔也是这样的，但当他看向别处时，瞳孔会偏向眼睛的某一边，这时候当然就感觉不到他在盯着我们了。但很显然，画像上人物的瞳孔不可能改变位置，始终在眼睛中央。所以，不管我们怎么改变位置，都会觉得那双眼睛盯着我们，而画中人的脸庞一直朝向我们。结合上面的解释，再认真观察和思考一下，就会发现这种视错觉其实很正常，相反，如果图画中的人物时而盯着我们时而盯着别处，反而真的要令人惊奇和害怕了。

21 "立"在纸上的针

视错觉的确会给生活带来一些不便，但是，它也具有让生活变得更美好的一面——假如我们的眼睛就像最精密的光学仪器，不会产生任何视错觉，那么，绘画这种艺术形式就不可能存在，起码不会像现在这样给欣赏者带来丰富的艺术享受。在视错觉的基础上，才会诞生绘画这门艺术——在著作《有关各种物理资料书信集》中，学者欧拉下过这样的论断，并做了详细的解释：

判断物体时如果只根据真实情况，那么，就不会产生美术这种艺术形式。如果只是完全实事求是地描述画家呈现在画纸上的作品，那和在纸上写字有什么区别呢？

假如这样，人们欣赏一幅画时就会这样说：画板上这一块是红色的斑点，这一块是天蓝色的圆弧，这个正方形是灰色的，那些黑色和白色线条并不整齐。

试想一下，假如只是把画板视为一个平面，上面的所有点、线、面之间不存在距离差异，人们用眼睛也看不出像什么。那确实就没有欣赏的价值了。假如人们在欣赏画作时不能感受到美和愉悦，实在可惜。

美术之所以存在，与视错觉中的"透视"有很大关系。

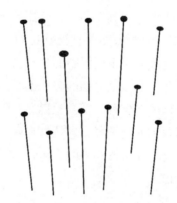

图 9-17   你能看到立在纸上的大头针吗？

如图 9-17 所示，你可能不会觉得这些大头针有什么值得注意，但是，请把书提高到与眼睛同等的高度，并且放平，闭上一只眼睛，然后再看这些大头针。需要注意的是，要从大头针的针尖看过去，把视线放在大头针所在直线的延长线交点上。

令人惊讶的现象出现了：这些大头针仿佛是立体地插在纸上，而非单纯地画在纸上。如果你把头稍微向旁边移动一些，大头针仿佛也发生了倾斜。之所以会产生这样的视错觉，是因为画这些直线时遵循了透视规律，这些线条基本是沿着插在纸上的大头针的投影去画的。

会产生视错觉的例子非常多，毫不夸张地说，足够集成一本图书。我们选择了一些不常见的视错觉的例子和大家分享，可以参考下面的图9-18～图9-20。

图9-18　字母笔画都"不直"

图9-19　这张看起来呈螺旋状的图形，其实是圆形

图9-20　左图中穿过黑白线条的线并没有发生弯曲，它其实是直线；
　　　　右图中相同形状的图案一样大

我们稍微解释一下。图9-18的字母笔画都是直的，图9-19中都是一些标准的圆，而不是螺旋形——尽管这都是事实，但恐怕大多数人都难以相信。

可当你用标尺和铅笔检验时，会发现原来你真的被视觉"欺骗"了。

其他图片所存在的视错觉，图片下面都有说明。当完成这本书第一版的创作后，发生了一件趣事。出版人拿到这张图 9-21 的锌版时，竟然要把锌版退回制版车间，要求清除掉白线交叉处的灰斑。如果不是我碰巧遇到这件事，解释明白，他还以为是锌版没有做好呢！

（a）白线的交叉处并没有灰色的点　　　（b）黑色线条交叉处没有斑点

图 9-21

22　近视者眼中的世界是什么样的　

近视者眼中的世界是什么样的？

在眼睛构造上，近视者与正常人已经有所区别。近视者的眼球比较深，晶状体很厚，当外界物体的光线经过多次折射，进入近视者的眼睛时，会落在距离视网膜稍微偏前的位置，而不是恰好地聚集在视网膜上。当光线到达眼球底部的视网膜时，已经发生了分散，只能形成模糊的图像。所以，在近视者的眼中，整个世界都是模糊的。

假如不戴眼镜，近视的人甚至很难分辨一个人的年龄，他们对一个人年龄的判断会产生 20 岁的误差，以至于令人怀疑他们的审美太奇特。事实上，这是因为近视者根本看不清别人脸上的皱纹、疤痕，只会觉得对方的皮肤很光滑，即使是粗糙的红色皮肤，在近视者眼中也是柔和的绯红色。

普希金的朋友、诗人杰利维格曾经回忆说："由于禁止戴眼镜，在皇村中学，我认为所有的女人都很美丽；可毕业后，我戴上眼镜，陷入了深深的失望。"有时候，近视的人为了看清对方的相貌，不得不靠近对方，甚至把头伸到对方面前，显得很不礼貌；而一旦距离远了，又好像从来不认识对方。其实，一个不戴眼镜的近视者很难看清对方的脸，大多数时候需要依靠听觉弥补视觉的缺憾——依靠声音来辨别身边的人。由于看不清物体的轮廓，对于近视者来说，所有的物体外形都是模糊的。对面是一棵大树，以天空为背景，视力正常的人能够看到树叶和枝条。但近视者只能看到一片模模糊糊的绿色，完全看不到树的任何细节。

夜里，与正常视力的人相比，近视者所看到的景象更加不同。他们只能看到一些不规则的光斑和黑影。近视者眼中，像路灯、被灯光照得发亮的玻璃等所有光亮的物体，都是模糊一片，路灯成了大光斑，遮蔽了街道其他部分，汽车只是由亮着的头灯构成的两个明亮光点。

夜空中明明有数不清的星星，当正常人能看到其中的几千颗时，近视者却只能看到稀稀疏疏的几百颗，并且，这些星星就像一些大光球。至于月牙的形状，他们就更加看不清了。

第十章

声音与听觉

1 回声是怎样产生的

在这一节，我们要讲述一个特别而有趣的现象。在诗人涅克拉索夫[①]的笔下，这个小东西显得格外神秘：

没有人看见过它，
但是每个人都听见过，
没有形体，它依然活着，
没有舌头，它却会大声喊叫。

你能猜出涅克拉索夫描述的是什么吗？让我来揭晓答案吧，这个没有舌头却能大喊大叫的东西就是"回声"。

按照物理学解释回声产生的原理，那就是声音传播过程中遇到障碍物，声波被反射回来而引起了回声。我们已经讲过光的反射，光发射时的反射角等于入射角，声音的反射与之相似。

尽管按科学解释，"回声"现象枯燥无味，但在文学家的笔下，它可有趣多了。美国作家马克·吐温的小说里就有一个爱好"收藏"回声的人。

有一天，这位收藏家突然想要收集回声。于是，他费尽周折，想要把那些会产生回声的土地都买到手。

他的"收藏品"里，有的土地能产生多次回声，有的产生的回声很有特色。他先买到了一块土地，位于佐治亚州，在这里，回声可以重复4次。

接下来，马里兰一块可以重复6次回声的土地也被他收入囊中。

①涅克拉索夫：1821—1878，俄国诗人。他的诗歌与俄国解放运动紧密结合，充满爱国主义精神，语言平易，口语化特点明显，开创"平民百姓"的诗风，被称为"人民诗人"。

不久，他又瞧上了缅因州的一块土地，不得了，在那里回声能响 13 次。

堪萨斯州的"收藏品"，回声能重复 9 次；而田纳西州一块土地上的回声能响 12 次。

但对于收藏家来说，购买田纳西州这块土地却是一次不愉快的经历。一开始，这块土地上一部分峭岩崩塌了，价格很便宜。收藏家以为可以修理恢复成原样，就买了下来。结果，他找来的建筑师并不懂如何"修理"回声，不仅没修好，反而彻底搞砸了。修好之后，一点回声也没有了，恐怕只适合聋哑人居住了。

或许现实不像小说，没有这样爱好特别的收藏者，但在地球上的不同地区，确实存在能产生好多次回声的土地，有一些甚至因为独具特色而吸引了全球的游客。

那么，为什么会产生这些有趣但又不同的回声现象呢？

如图 10-1 所示，一个人站在山脚下的位置 C 呐喊，障碍物 AB 远远高于发

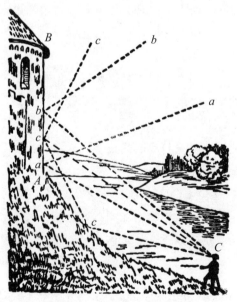

图 10-1 发声者听不到回声

声者。我们已经知道声音传播时遇到障碍物会发生反射，那么，在这种情形下，会出现什么状况呢？通过图示很明显，声波沿着 Ca 、Cb 、Cc 等直线传播，碰到障碍物 AB 后反射，已知反射角等于入射角，反射后的声波沿着 aa 、bb 、cc 的方向传播，由于人的位置 C 太低，那这些反射后的声波就不会传入发声者的耳朵，所以发声者就听不到回声。

什么情况下回声会传入耳中呢？如图 10-2 所示，如果障碍物与发声者在同一高度，或者障碍物低于发声者，就容易产生回声。声音沿 Ca 、Cb 方向传播，向下碰到障碍物后，反射的声音又沿着 CaaC 、CbbC 的折线，经过多次反射，传入发声者的耳朵。同光线传播类似，如果两点之间的地面是凸起的，就像凸面镜一样，声音会产生散射，回声就比较弱，但如果两点间地面是凹陷的，像凹面镜，回声会很清晰。

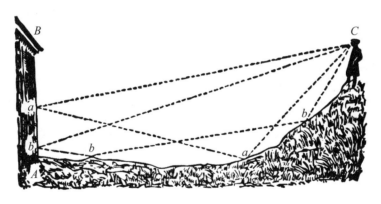

图 10-2   回音又被听到了

通过以上两幅图我们已经知道回声的产生需要一定的条件。即使已经到达了一块能够产生回声的土地，也需要注意一些技巧，否则也听不到回声。假如人和障碍物距离很近，就可能听不到回声，因为回声传播的距离太短，时间也很短，就会和发声者直接发出的声音重合在一起。由于声音的传播速度是 340 米每秒，那么，在距离障碍物 85 米远的地方，回声会在发出声音半秒以后传回耳中。

我们很容易找到能产生回声的地方，但回声重复的次数可不容易控制，最

难的是让回声只重复一次。想把回声"控制"在一次，在我们的国家比较容易实现，尤其是在茂密森林中间的空地上。在空地上大喊一声，树林深处就会传回回声，并且非常清晰。山地回声出现的频率低得多，不过，山地里回声的种类比较多。

回声也有不同的种类，直接声源不同，回声也不同：比如森林里野兽的嚎叫，天空中隆隆的雷声，军中嘹亮且悠长的号角，都会引发不同的回声效果。一般来说，人声引起的回声效果都不太清晰，不过相比起来，女人和孩子的声音所引起的回声，比男人浑厚的嗓音要清晰一些。通常情况下，直接声源越尖锐，越断断续续，回声就越清晰。

2 用声音作"量尺"

如果两个物体不能靠近，想测量两者之间的距离，却没有足够长的量尺，应该怎么办呢？或者换一个更具体的问题：距离很远的地方有一辆火车，看到拉响汽笛冒出的白色水汽，过了一秒半后，我听到了汽笛声，那么，这辆火车距离我有多远？

如果我说在解答上述问题时，声音就是一把最便捷的"量尺"，不知道读者是否认同。

首先需要明确，声音在空气中的传播速度是 340 米每秒。接下来，我们可以通过作家儒勒·凡尔纳的《地心游记》来说明如何通过声音测量距离。

小说里有一个情节：旅行家教授和侄子阿克塞尔在地下旅行，不小心失散，当他们发现能听到对方声音时，有了这样的对话：

我大声喊道："叔叔！"

"什么事，阿克塞尔？"不一会儿，我听到了叔叔的声音。

"我想测一下，我们之间的距离到底有多远？"

174

"你有办法吗？我的孩子。"

"是的，叔叔。你的表还能用吗？"

"它还在工作。"

"那好。叔叔你大喊一声我的名字，然后在喊的同时记录下时间。一听到你的喊声，我就立刻大声重复我的名字。等你一听到我的声音，再次记录下时间。"

"聪明的孩子，我明白你的意思了。我记录下的两个时间的差值的一半，就是声音从我这里传到你那里的时间，对吧？现在我要喊了。"

我把耳朵紧紧贴着旁边的岩洞上，"阿克塞尔！"不一会，我听到了叔叔喊我的名字。我立刻回喊了一声："阿克塞尔！"又过了一会儿，我听到叔叔说："我记下的两个时间相差了40秒，那么，只需要20秒，声音就能从我这里传到你那里。声音大约每三秒钟能传播1000米，那么我想，咱们俩之间的距离大概就是7000米。"[①]

通过小说里的这个情节，我想读者应该就容易理解"声音量尺"是如何工作的了。我们在一开始提出的两个问题，也就不难解答了。

---

①在这段故事里，作家凡尔纳可能忽略了一点，那就是在地心的两点之间未必都是空气，或许存在岩石，而声音在岩石里的传播速度并不一定是340米每秒。

3 声音的"镜子"

图 10-3　古堡里的怪声

图 10-3 所示的这幅插图来自 1560 年出版的一本古书,解释了中世纪的建筑师如何利用声音的"镜子",进行一些富有神秘色彩的建筑设计。在那个时代,常常会有一些令人惊奇的"声学建筑":比如会吼叫的石狮子,或者会说话的半身人像。

我们先来解释什么是声音的"镜子"。我们已经知道平面镜能反射光线,而在声音的反射中,所有能反射回声的障碍物都是声音的"镜子",比如森林、高山、墙壁、高楼等。不过,声音的"镜子"可不像平面镜那样平滑,相反,它们往往是曲面的。那些凹面的障碍物,与凹面镜相似,能把"声线"反射并聚焦于焦点。比如建筑中的半身像之所以会"说话",就是因为它处于反射声音的凹面障碍的焦点位置,当然,也有可能在它后面的墙壁里隐藏着传声管。按照开篇图 10-3 中所示,经由传声管从外面传进来的声音,通过拱形屋顶的反射和聚焦,可以被送达半身石像的嘴边,就好像是它发出来的一样。

至于声音传播的"凹面镜"效应,通过下面这个简单的实验,我们可以亲身体会。

图 10-4　凹面可以反射声音

如图 10-4 所示，我们需要两只盘子和一只怀表。把一只盘子放在桌子上，右手拿着怀表，停在盘子上空几厘米高的地方，左手拿着另一个盘子，竖立着靠近左侧耳朵。需要反复尝试几次以找准两个盘子、怀表和耳朵的相对距离，之后，闭上眼睛，你会发现一件奇怪的事：怀表上的指针在嘀嗒嘀嗒地响着，但听上去这个声音就好像是从耳旁的盘子里发出的一样。假如只凭听觉，就会产生困惑：手表到底在哪一只手里呢？

 4 剧场里的声学秘密

有时候我们会发现一种现象：在剧场里，演讲者的声音含混不清，仿佛剧场里充满了噪音。情急之下，演讲者提高了音量，但情况更糟糕了，简直一个字也听不清了。这是为什么呢？

在物理学里，这种现象被称为交混回响。我们不妨通过美国物理学家伍德在著作《声波及其应用》里的一段描述，来理解这种现象。

"一般来说，假如一个声音发出之后会持续3秒，而说话的人每秒钟能发出3个音节，那么，同时在房间里响起的就是9个音节的声波，如此一来，声效嘈杂也就很正常了。在建筑物里，不管发出什么声音，都会产生回响。当我们置身室内，声音反射次数会比较多，所以在很长时间内声音都会缭绕萦回，一旦又有新的声音发出来并缭绕传播，听众就越发觉得耳边非常混乱了。

如果是在演讲中，恐怕听众很难听清演讲者要表达的意思。假如演讲者因此急躁起来，提高声音，那么回响的声音也更大，剧场里会更嘈杂；假如他用合适的音量一字一顿地说下去，情况或许会有所好转。"

所以，一个优秀的演讲者如果懂得一些声学，会对他的演讲有所帮助。事实上，在过去，不仅是室内演讲现场，在类似的剧院和音乐厅，或者其他一些室内的大厅，都有可能发生一些奇特的声学现象：比如，在有些剧院里即使观众坐在前排，也听不清舞台上的人在说什么，而在有些大厅里，就算距离舞台非常远，不管是人的声音，还是乐器的声音，都能清晰地传到观众耳朵里。在人们弄清声音的传播原理之前，如果希望修建的新剧场能符合声学原理，只能依赖好运。

不过，对于这种会对声音清晰度产生影响的"交混回响"现象，已经有消除干扰音的办法了。最关键的一点就是保证剧场的墙壁能够吸收多余的声音。就像小孔能吸收光一样，打开窗户也是吸收余音的最好方式。难怪人们会把计量吸收声音的单位用"一平方米打开的窗子"表示。

还有一种像打开窗户一样能吸收声音的途径，只是吸收能力较差，那就是依靠现场观众吸收声音。一平方米打开的窗户能吸收的声音，相当于两个人吸收的声音。所以，我们认为稀稀疏疏的观众席对表演者、演讲者来说非常不利，其中也包含着一定的物理学原理。不过，这种"吸收"也要有度。一旦吸收得过多，同样会导致声音不清晰。一方面，声音会因过度吸收而减弱；另一方面，交混回响被减少得过多，声音效果会断断续续，让人觉得枯燥。

所以，在设计剧院的大厅时，一定要注意对交混回响的适度吸收。另一点需要注意的就是提词室的设计。事实上，提词室相当于一种声学仪器，它相当于一个凹面镜，可以反射声音，既能把提词者的声波反射到舞台上，以提醒表演者，又可以阻止提词者的声波传向观众，避免被观众听到。

 5 如何利用回声测量海底深度

1912年，在浩瀚无际的海洋上发生了一出悲剧：因为撞上了冰山，英国游轮"泰坦尼克号"不幸沉没，大部分乘客遇难身亡。为了避免再发生类似的悲剧，人们想要制造一种仪器，通过回声来测试前方是否有冰山或礁石，在深夜或浓雾天气行船时，这种仪器能有效地保证航行安全。但是由于种种原因，研究计划无果而终。

不过受此启发，人们发现可以利用回声测量海洋深度——回声测深仪就是这样被发明出来的。早期的回声测深仪就如图10-5中绘制的那样，船底一侧放置了炸药包，点燃炸药包时会发出巨响，穿透海水，声波会到达海底，反射产生的回声会折返到海面。在船的舱底还有一个可以接收回声的仪器，能够测量出从发出声音到回声返回海面相隔的时间。通过声音在水中传播的速度与时间相乘，就知道海洋的深度了。不过，现在人们已经用"超声波"替代了弹药的爆炸声。在快速交变电场中放置石英片，石英片会产生振动，从而产生"超声波"，其频率

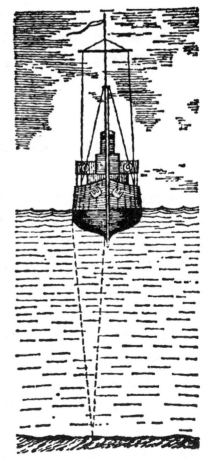

图10-5 回声测深仪工作图

能达到每秒钟几百万次，虽然人耳听不到，但现代的回声测深仪可以敏锐捕捉到。

相比以前测量海洋深度的方法，回声测深仪便捷、准确且节省时间。如果用以前的方法测量 3 000 米深的海洋，耗时长达 45 分钟，现在只需要几秒钟就能完成。以前，必须保证船只静止，才能使用测深仪，要把一端系着测锤的绳索慢慢放入海底，速度差不多是 150 米每分钟，测完后，还要以同样的速度收回绳索，非常耗时。使用回声测深仪的话，船只可以全速行驶，节省时间，测量结果也更加精确，误差不会超过 25 厘米。

回声测深仪对于现代人非常重要，测量深海深度，可以助力于发展海洋科学；测量浅海深度，可以助力于航海事业，保证船只安全。

 ## 6 F 调的家蝇和 A 调的蜜蜂

你知道飞机螺旋桨的转动频率是多少吗？每秒钟 25 转——与这个数字相比，昆虫飞行时翅膀的振动频率简直太让人吃惊了！

平时我们听到的昆虫的嗡嗡声，就来自其翅膀的振动，事实上很多昆虫没有发声器官。昆虫飞行的时候，其翅膀的振动就相当于膜片的振动，只要振动频率超过 16 次每秒，就能发出一定音高的音调。

很多昆虫翅膀的振动频率远远超过这个数字。通过测定昆虫飞行时发出的音调高低，人们已经得出很多昆虫翅膀振动的频率：家蝇飞行时发出的声音是 F 调，其翅膀振动达到了 352 次每秒；蜜蜂采蜜后带着花蜜飞行，发出的声音是 B 调，翅膀振动为 330 次每秒，而没有带花蜜的蜜蜂振翅频率是 440 次每秒，发出的声音是 A 调；山蜂每秒钟振翅大概是 220 次；金龟子发出的音调比较低，它飞行时翅膀振动的频率也较低；蚊子每秒钟的振翅频率甚至达到了 500～600 次，其嗡嗡的声音常常令人十分烦躁。

飞行中的昆虫，翅膀就像高频振动的膜片。并且，其翅膀振动的频率几乎不变，通过第一章提到的"时间放大镜"可以观察到。只有在寒冷天气，昆虫会增加一定的振动次数。一般来说，昆虫飞行时发出的音调是不变的，如果要调整飞行方向，昆虫只需要改变翅膀的倾斜程度和振动的幅度。正因为昆虫发出的音调是特定的，我们才能据此确定其翅膀的振动频率。

 ## 7 听觉幻象

如果我们认为一个轻微的声音不是从近处，而是从远处传来的，那么，这个声音听起来就似乎响得多。在美国学者威廉·詹姆斯的《心理学》一书中，有过这样的描述。

夜深人静的时候，我在楼下的书房看书。正聚精会神，突然，一阵可怕的响声传来。我竖起耳朵刚要仔细听，声音停止了。我想继续看书，但很快又响了起来，而且比刚才还要响。

我放下书，跑出书房，到客厅里探查，但什么也没有。我正环顾周围，声音又停止了。

回到书房，还没打开书，可怕的声音又传来了，仿佛暴风雨快来临了。当我走出书房，声音又没了。

回到书房，一进门，我突然发现：原来睡在地板上的小狗正在打鼾，它的鼾声就是那个一直让我惊恐不安的可怕声音！

 ## 8 蟋蟀在哪里？

我们常常会觉得蟋蟀是一种非常机警的昆虫，因为我们总是听到草丛里传

来蟋蟀响亮的鸣叫，但却很难发现它的身影。有时你觉得它就藏在右边两步远的草丛里，当你扭头望向那个位置，却又觉得声音像是从左边传来的。再向左边寻找，奇怪，声音怎么好像又变了一个位置？越是频繁地扭头寻找，蟋蟀的行踪就越变幻难寻。

难道真的是因为机敏的蟋蟀能感觉到人的气息，所以一直在草丛里跳来跳去吗？下面的实验会告诉你，并非蟋蟀变换了位置，而是你的耳朵根本没有分辨出它的声音到底是从哪里传出的。

在房间中央放一把椅子，让实验者安静地坐在上面，不许扭头，同时蒙上他的眼睛。之后，另一个人拿着两枚硬币，站在实验者的正前方或正后方，敲击硬币，并让实验者猜测敲击者的位置。这时候就会出现不可思议的事情：当敲击者在实验者的正前方或正后方时，他常常指向完全相反的方向。

一般来说，确定发声者与自己距离的远近相对容易，确定位置就困难一些了。我们比较容易分辨发声者到底在左边还是右边，但对于发声者在前面还是后面往往搞不清楚。下面的两幅图也能说明这个现象。

图 10-6　枪声在左边还是右边

如图 10-6 所示，我们比较容易辨别出枪声是从左面还是右面发出。但如

图 10-7 所示，我们往往不能准确判断出枪声是从正前方还是从正后方发出的。

　　前面实验中也是如此。但是，只要敲击者离开实验者的正前方或正后方，即使只是离开几步，他对方位的判断也会相对准确一些，至少不会发生完全错误的情况了。这是因为当敲击者位于实验者的正前方或者正后方时，声源和实验者两只耳朵之间的距离完全相等，所以就比较难判断，只要偏离了正前方或正后方，声源与两只耳朵的距离就不相等了，就可以通过距离来判断发声的位置。

　　蟋蟀的位置会频繁变化，也是这个原因。其实，蟋蟀并没有来回跳动，而是一直在同一个位置，但由于寻找蟋蟀的人总是扭头，一会看左边一会看右边，假如蟋蟀恰好处于正前方或者正后方，就更难确定声音来自哪里了。

　　当我们寻找草丛里的蟋蟀、荷塘里的青蛙，或者树林里的杜鹃鸟，假如想确定这一类从较远的地方发声的小家伙到底在哪里，就要记得侧耳，尽量不要将脸正对着声音。

图 10-7　枪声是从哪里传来

9　自己吃面包的声音为何特别大

　　伟大的音乐家贝多芬耳聋后，还能进行音乐创作，他是怎么"听到"音乐的呢？据说，他有一根神奇的手杖，其中一端抵住钢琴，另一端用牙齿咬住，就能听到钢琴演奏了。我们在现实中还常常看到一些有耳疾的人士能随着音乐

跳舞，这种现象背后有什么科学原理吗？

其实，这些耳聋的朋友内耳还是完好的，通过固体介质和骨骼的传导作用，他们就能听到"声音"。

现实中有与之相似的例子，比如一家人围坐在一起吃饭，我们能听到自己咀嚼烤面包片的声音，碎裂声非常清晰，就像噪音一样，但我们却听不到旁边的人嘴里发出的声音。难道他们有什么好办法，能使自己咀嚼却不发声吗？

其实，每个人吃烤面包片发出的声音大小显然差不多，但每个人都只能听到自己的咀嚼声，听不到别人的。这是因为在这种情况下，人的颅骨充当了传播声音的介质，而实体介质具有把声音放大的效果。吃烤面包片时，声音通过颅骨传到自己的听觉神经，就会非常响，但别人发出的声音是通过空气传到我们耳朵的，就显得非常轻微。

还有一个简单的实验可帮助体会这种现象：怀表上有一个圆环，请用牙齿咬住它，然后捂住双耳，这种情况下，表针的嘀嗒声就会被放大，听起来简直就是巨大且沉闷的撞击声。